삶의 품질을 위협하는 교통소음, 그 해결책을 찾아서

교통소음과 인간

교통소음과 인간

초판 1쇄	2021년 06월 03일
지은이	최병호
발행인	김재홍
총괄/기획	전재진
디자인	김다윤, 남충우
교정·교열	전재진, 박순옥
마케팅	이연실
발행처	도서출판지식공감
브랜드	문학공감
등록번호	제2019-000164호
주소	서울특별시 영등포구 경인로82길 3-4 센터플러스 1117호(문래동1가)
전화	02-3141-2700
팩스	02-322-3089
홈페이지	www.bookdaum.com
이메일	bookon@daum.net
가격	18,000원
ISBN	979-11-5622-605-5 93530

삶의 품질을 위협하는 교통소음, 그 해결책을 찾아서

교통소음과 인간

최병호 지음

지식공감

　나무가 울창한 정글에서 살아온 인간의 귀는 무엇을 소음으로 인지하는
가? 밀림 원주민은 접근하는 맹수의 소리에 생명의 위협을 느끼지만, 소음
으로 인식하진 않는다. 교통 문명에서 태어나 필요로 하는 공간의 여섯 배
를 잠식하는 자동차에 익숙한 인간의 귀는 엔진 소리로 접근 차량의 종류
를 알아챌 수 있고, 생명의 위협을 느끼는 소음으로 인지한다.

　인간 주변에서 수많은 대상의 움직임은 고유의 음향적 프로필을 만들어
낸다. 밀림 원주민에게 맹수의 발소리와 포효는 인성의 영역에 일체화되어
인간과 자연의 거리를 중재하지만, 교통 문명의 도시인에게 교통소음은 개
인의 인성에 귀속되지 못하고 삶의 공간을 혼란케 하는 방해꾼이다. 교통
소음의 해악은 지속해서 본래의 행위 의도를 잊게 만들고 엉뚱한 곳으로
주의를 분산시키거나 소음의 존재에 몰입하도록 만드는 것이다. 교통소음
에 시달리는 인간은 주변의 인간과 사물에 대해 애정과 호의를 느낄 정신
적 여유가 없다. 그러나 객관적으로 같은 음압 레벨의 교통소음이 모든 인
간에게 성가신 소음으로 여겨지지는 않는다.

　그렇다면 동일한 교통소음에 무감각하거나 적응하거나 민감하게 반응하
는 이유는 무엇인가?

　인간은 스스로 의도를 갖고 일으킨 소음에 대해서는 성가시게 느끼지 않
는다. 예컨대 자기 집 앞을 내달리는 남의 차가 내는 소음은 '소음'이지만 남
의 집 앞에서 내 차가 일으키는 소음은 '소음'으로 인식하지 않는다. 따라서
우리가 성가신 소음, 짜증 나는 소음이라고 말할 때는 당사자가 노출된 시
점의 상태가 소음이 의도한 행위와 불일치하다고 느낄 때이다. 노출 상황

이 당사자의 관점과 의도한 행위 내지는 수행 과제와 어떠한 상호작용을 하는지가 소음의 정부 ^{正否} 를 결정한다. 같은 전투기 소음도 공군 부대 근방에 사는 학생과 전투기 정비사에게 달리 들리는 이유도 여기서 찾을 수 있다.

소음이란 주제의 중심에는 소음이 아니라 인간이 있다. 환경과 인간, 행위와 소음 요인의 관계성을 규명하고, 수학적 알고리즘까지는 아니더라도 경험과 공감으로 문제의 해결책을 찾아가는 소음 방지 휴리스틱을 추구할 필요가 있다. 초고령화, 포스트 코로나 시대에 진입하고 사회적 생체 시계가 9-6 시스템(9시 출근 6시 퇴근)에서 3-2-2 시스템(3일은 회사 2일은 재택 2일은 휴식)으로 전환되는 변곡점에서 여가 시간의 다변화는 활동을 목적으로 하는 모빌리티를 자극한다. 유연 혹은 하이브리드 근무에 의한 수면 시간의 자율화는 시간 개념을 재편하고 낮과 밤의 경계를 모호하게 만들어 교통소음의 민감도를 높인다. 50데시벨 백색 소음의 일시적 충격마저도 깊은 수면 단계를 교란할 수 있기에 지속적인 소음 노출은 건강한 사람을 노이로제 환자로 만들 수 있다.

소음이 초래한 고통은 물리적 실체에서 인간과 인간이 처한 삶의 조건, 행위 의도의 관계적 맥락과 규칙성을 이해하는 지점에서 멈추게 할 수 있다. 교통은 가끔 의도치 않게 인간의 집중력과 주의력을 앗아간다. 인간에 가해지는 소음 테러의 스트레스를 위로하는 도시로, 현실의 변화를 위해서는 안 될 것들을 검열하고 교통소음의 폐해를 인지하며 교통 환경의 시각적 추함에 민감하게 반응하는, 정신의 건강성을 회복하는 도시로 가야

한다. 개인에게 요구되는 것은 시청각적 의지와 약간의 사회적 연대^{連帶} 뿐
이다.

우리는 음향적 고요와 안정된 수면의 보장을 위해 모빌리티를 제한할 수
있을까? 모빌리티의 제한에 신중함과 엄격함의 논리가 동시에 담긴 전인적
이며, 통합적인 소음 방지 해답을 고민할 때가 되었다. 인간에게 필수적으
로 봉사해야 하는 교통수단이지만 그 반대는 허용해서는 안 된다. 높은 삶
의 질에 대한 바람은 교통소음과 미세먼지가 없는 환경에 대한 욕구와 밀
접하게 연결되어 있다.

교통정온화 설계는 이러한 비전 달성에 큰 역할을 할 수 있다. 교통소음
의 반대말은 교통정온 ^{Traffic Calming(영), Verkehrsruhe(독)} 이다. 저소음 도로는 교통정온
화 설계가 수반되지 않는다면 구현되기 어렵다. 저소음 도로와 체류 장소,
환경친화적인 교통수단과 환경 생태학적 개선을 위한 교통로와 휴식 공간
을 고려한 교통공간의 새로운 분배, 환경친화적인 교통수단에 대한 지원,
보행 및 자전거 활동 극대화 등은 교통소음을 예방하는 전략이다.

저속은 인간의 공격성을 떨어뜨린다. 저소음 도로에서 어린이는 이동과
유희적 만남을 통해 자연스럽게 공격적 태도를 완화하게 되고, 그러한 긍
정적인 경험은 학교 내외부 폭력과 관련한 문제의 해소에 기여할 수 있다.
차량 속도를 낮추면 균질적인 차량 흐름을 유도하여 미세먼지를 감소하고
교통소음을 줄일 수 있다.

주택가, 시장 및 학교 주변 도로를 보행 안전 및 소음 규제 지역으로 지정

하여 교통정온화 설계를 시행하도록 독려하는 정책 사업이 필요하다. 교통소음 방지에 대한 진정한 논의는 교통정온화 설계 관련 매뉴얼, 가이드, 그리고 지침 등 제도가 마련되면서 가능해졌다. 본 서에 담은 교통소음 예방에 대한 필자의 생각은 소음에 고정된 시선을 인간의 심리와 행동으로 돌리고, 소음을 통해 인간 사회를 이해하고 교통 문명에 대한 비판적인 대화의 물꼬를 트는 하나의 시발점을 제공한다.

필자의 원고에 대해 호흡에 무리가 없는지, 논리의 전개에 비약은 없는지, 메시지 전달력이 있는지를 공들여 읽어주고 꼼꼼히 피드백해 준 최승빈 님에게 감사드린다. 20년의 공백을 정리하고 마음의 짐을 덜고자 시작한 글 작업을 독려해준 강인형 박사님과 나의 불편한 타이핑 자세를 교정할 수 있게 노트북 거치대를 선사한 최승우 님에게도 고마운 마음을 전한다. 출판의 기회를 준 도서출판 지식공감 김재홍 대표님과 이하 편집진들에게 감사의 뜻을 전한다.

2021년 봄, 미추홀에서

최병호

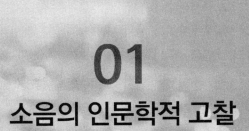

01
소음의 인문학적 고찰

1.1 귀의 문화인류학적 의미

과거 고대 국가에서 공통으로 발견되는 특이사항 중 하나는 중요한 의미를 갖는 신체 기관으로 성기 외에도 귀가 강조된다는 점이다. 마야 유적지 치첸이차 chizen itza에서 발견되는 전사는 마치 위험 신호를 감지하듯 귓바퀴를 날개와 같이 활짝 펼쳐서 전면을 노려보고 있다. 그가 포착하려는 것은 자연 음이 아닌 침입자의 소음일 것이다.

유럽 중세시대 히에로니무스 보쉬(1450-1516)의 '욕망의 정원'(Galeria online, Museo del Prado Gemeinfrei)에는 거대한 한 쌍의 귀가 마치 전차처럼 전장을 질주하면서 횡단하는 적군의 소음을 칼날로 베고 쓰러진 아군의 고통을 달래는, 삶과 죽음의 경계자로 그려져 있다.

중세유럽의 파라셀수스 Paracelsus[1]는 인간의 귀에 대해 외부 소리를 잘 듣는 역할 외에도 기억과 비판적 이성의 기능을 수행한다고 여겼다.(wikipedea) 눈은 인간이 행위의 목표를 조준하고 세상으로 나가는 창이지만, 귀는 세상이 인간의 영역으로 들어오도록 열린 문이다.

기독교의 종교화(ikonografie.antonprock.at)는 다양한 형식으로 생명을 잉태하는 귀를 묘사하고 있다.[111][2] 여기에 나타난 개념은 그리스 신화에서 제우스신의 귀를 통해 전쟁의 여신인 미네르바가 잉태된 것에서 보듯이 그 유래가 훨씬 오래되었을 가능성을 암시하고 있다.

인간의 정신은 귀에 매달려 있다. 불교에서 부처님 귀(국립중앙박물관 KOGL Type 1, 금동약사불입상)는 마치 세상의 모든 소음의 무게를 견디지

---

1) 1493년 지금의 스위스에서 태어나 1541년에 잘츠부르크에서 임종한 당대의 의사이자 사회 윤리학자로서 오늘날 전인적 의학의 창시자로 알려져 있고, 본래 이름은 Theophrastus Bombast von Hohenheim인데 독일어 이름 Hohenheim을 그리스어로 옮겨 Paracelsus로 후대에 알려졌다.(wikipedia)

2) 문장 뒤의 숫자 표시 [1], [2], [3]… 은 참고 문헌 표시입니다.

못하여 어깨까지 축 늘어져 버린 것처럼 보인다. 기독교가 귀를 '음향적 잉태'의 상징으로 여겼다면 불교는 귀를 '음향적 중용'의 상징으로 표현한 것이라 생각한다. 흥미로운 사실은 아시아 문화권에서는 귓불이 처지고 크면 포용적이고 덕이 있는 사람이라는 인식을 공유하고 있다는 것이다.

어떤 문화권이든 귀는 세상을 여닫는 문지기라는 인식은 공통이다. 기독교 경전의 첫 줄은 태초에 말씀이 있었다고 했지만, 괴테의 《파우스트》가 질문하듯이 어쩌면 말씀에 앞서 들을 '귀'가 있어야 하지 않았을까?

1.2 소음의 투쟁사

100년 전 도로변 주택 창문을 열었을 때의 음향 인상은 어땠을까? 놀랍게도 현재 도심 주택 창문을 열었을 때와 비교하여 큰 차이가 없거나 훨씬 심각했던 것으로 보인다. 교통소음에 대한 인간의 투쟁사는 아마도 독일 바이마르 제국에서 시작된 것으로 보인다. 1870년대부터 철도 기관사의 청력 손상이 알려지면서 작업장 보건 문제가 이슈화되기 시작했고, 1908년에 지식 노동자들이 공장 소음과 교통소음에 대해 성토하는 과정에서 세계 최초로 소음 방지협회 Antilaermverein 를 창립했기 때문이다.[123] 그 직후에 주거위생과 직업병에 대한 학술대회가 개최되어 공장 소음과 교통소음 방지법에 대한 논의가 시작되었으나 1914년까지도 소음과 건강의 상관성에 대한 평가 방법이 없었던 데다 의사와 판사가 내리는 소음의 위해성 평가 및 민사판결의 주관성 개입을 이유로 진전되지 못하였다.

그러나 전원생활에서 도시 생활로의 대이동에 따른 도시 음향 환경의 급격한 변화는 당대의 지식 노동자들에게는 생존의 위협으로 다가왔다. 산업도시의 형성 시기에 귀청을 울리는 마차꾼 채찍 소리, 석재 포장길을 굴러가는 쇠바퀴의 덜컹거리는 소리, 도로 점용 공사장의 둔탁한 소리, 길거리 상인의 고성, 거리 연주자의 미숙한 음악 등 도시 교통량의 증가와 함께 교통소음이 일상생활에 깊숙이 침투하여 고요함을 흔들고 고귀한 정신의 창의적인 활동을 방해한다는 민원과 소송이 급증하기 시작하였다.[3]

　1880년부터 1890년 사이에 교통소음의 피해 방지를 목적으로 도시지역도로의 개념이 정립되기 시작하였는데, 도시지역도로의 구분이 대중교통과 개인 교통 증가를 촉진하는 원인이자 교통소음을 새로운 차원의 소음원으로 자리매김하는 계기가 되었다. 교통소음의 민원을 줄이기 위한 목적으로 1854년에 파리가 세계 최초로 간선도로에 아스팔트를 포장하였고, 이에 자극받은 베를린이 1878년에 아스팔트 도로를 건설하였다. 흥미로운 점은 당시 의료인들이 교통소음에 시달리는 환자를 위해 아스팔트 포장을 신경 위생적 불가피성으로 옹호하였다는 사실이다. 이때부터 교통소음의 피해가 적은 주택에 대한 사회적 각성과 더불어 조용한 주택에 대한 수요가 늘고, 그러한 부동산의 가치를 높게 평가하기 시작했다.

　반면에 노면전차, 자동차, 자전거의 경적은 교통사고 예방의 관점에서 소음 문제를 심각하게 받아들이지 않았다. 왜냐하면 안전이 환경보다 최상의 가치를 갖기 때문이다. 1900년 독일 대법원[4]은 야간 시간대(22시부터 7시까지) 음향적 고요를 보호할 법적 의무를 명시하였으나 정오나 저녁 시간대 경적은 금지 대상에서 배제하였다. 당시에는 교통소음을 차량이 구르는

---

3) 교통소음과 관련하여 1879년 브레멘의 Emmy Dincklage라는 소설가가 지역 신문 gemeinnuetzig unterhal-tende Wochenschrift에 기고한 글의 일부를 발췌하면 "창문세, 벽난로세 등 기대하지 않은 방식으로 무수한 세금을 부과하면서 어찌하여 소음세는 없는가? 소음이 없는 강아지 카트조차 만들 수 없는 우리 시대의 기계 문명이 어찌하여 승전보를 울리는가?"(원문: Wenn Fenstersteuern, Kaminsteuern und unzaehlige andere Steuern unerwarteter Natur auferlegt werden, weshalb keine Laermsteuer? Wozu triumphiert die Mechanik unseres Zeitalters, wenn sie nicht einmal einen geraeuschlosen Hundewagen construieren kann?) [123]

4) Oberverwaltungsgericht (OVG)

소리나 경적뿐만 아니라 마부의 채찍질 소리, 동물의 울음소리, 전축 음악, 주정뱅이의 소란 등을 아우르는 포괄적인 개념으로 인식하였다.

음향적 고요를 보장받을 권리는 깨끗한 식수를 마실 권리와 동격으로 받아들였다. 1908년 3월 독일 소음 방지연맹 Deutscher Laermschutz-Verband 이 창립되던 날 독일 문학가 테오도르 레싱 Theodor Lessing 은 교통소음의 증가를 교통 경제 생활의 현대화 결과이자 근절되지 않는 인류 충동의 표출로 표현하였다. 소음은 마치 술과 같은 마취 효과가 있기에 도시 거주자들은 휴가 때 알프스 정상에 등반하면 소음에 대한 금단 증상을 앓는 것이고, 대중이 자신에게 갖는 존재의 무익함을 소음이 없앤다고 레싱은 생각했다. 소음은 수작업을 하는 사회가 두뇌 작업을 하는 사회에 행하는 복수이기에 소음 방지법이 필요하며, 이는 소음에 대한 인간의 투쟁 기록이라고 설파하였다. 소음은 신경 독소이자 문화 범죄이기에 소음 방지는 지식 노동자의 삶을 보호하는 능동적 행위로 정의하였다. 그러나 최초의 소음 방지협회는 회원들의 불성실한 회비 납부로 인한 재정 부족과 공공의 편견(정신병자의 광기)으로 지식 노동자의 신경을 건드리는 교통소음을 방지하지 못하고 역사 속에서 막을 내리고 말았다.

1.3 교통소음의 전망

교통량이 30% 늘면 음압 레벨은 1데시벨 정도 올라가기에 교통소음 피해의 심각성을 간과할 수 있다. 문제는 교통 환경의 특성인데, 차량의 종류와 비율, 운행 속도의 변화와 편차(최대 속도와 최저 속도 편차), 통행 구간의 특성(노인 인구, 녹지대) 및 구조 변화(택지 개발) 등이 소음 민원을 유발할 수 있다. 달리 말하면 소음 피해는 단순히 소음원의 물리적 특성으로 환원되는 공학적 문제가 아니라 민원인이 소음원의 성격과 영향을 어떻게 인지하고 평가하는지를 이해해야 해결할 수 있는 사회적 난제다.

최근에는 대규모 공동주택을 건설하면서 구태에서 벗어나 녹지대와 차 없는 보행로를 설치하여 교통소음에 대한 불만을 누그러뜨리는 흐름을 보이고 있다. 그러나 과거에는 용적률 및 건폐율 등 경제성을 우선하여 소음 문제를 등한시했다. 소 잃고 외양간 고치듯이 소음 민원이 발생하면 기괴한 형태의 방음벽을 조급하게 설치하여 도시의 이미지를 어느 미래의 황량한 좀비 도시처럼 만들었다. 여전히 집 안으로 침입하는 교통소음의 원천은 그대로 놔둔 상태로. 마찬가지로 지구 단위 변경 지역에서도 교통의 간선 기능에 대한 집착과 도시의 격자 구조를 유지하려는 행정 관습은 교통소음 개선의 가능성을 차단하고 말았다.

교통소음은 자동차 소음 외에도 철도 소음, 항공 소음을 포괄하는 개념이다.[6] 도시 소음의 90% 이상을 차지하는 자동차 소음을 중심으로 인간에게 그것이 어떻게 전달되고 누구에게 어떠한 영향을 미치는지, 우리 삶에 미치는 부작용은 무엇인지, 자율주행차나 개인용 이동 수단(약칭 PM) 등의 변화가 교통소음의 관점에 어떠한 변화를 유발할지 등에 예의주시할 필요가 있다.

도시가 확장되면 자동차는 늘어나고 주거지를 사통팔달 통과하는 교통이 많아지면서 소음 민원이 증가하는 악순환을 겪는다. 교통소음이 우리

---

5) 공동주택은 주택법 제15조의 규정에 따른 주택건설사업계획의 승인을 받는 대상으로 30세대 이상을 말한다.

6) 항공 소음은 코로나의 장기화로 항공 수요가 90% 이상 쪼그라들어 수면장애자가 급격히 줄어들었고, 선박 소음은 인간보다는 바다 생물들의 건강을 염려해야 하는 상황이지만 전기동력 추진 선박 등 등장으로 호전되기를 기대한다. 철도 소음은 자동차 소음 다음으로 소음 피해가 큰 영역으로 특히 야간 화물 운송 열차의 바퀴 마찰 소음 및 화물 환적 소음이 철로변이나 역사 주변 공동주택 거주자의 수면을 방해하는 요인으로 지적되고 있다.

를 짜증 나게 만드는 원인은 소음이 시간적인 항상성을 갖고 있지 않고 속도가 균질적이지 않아 우리의 뇌가 정보를 처리할 용량을 초과하기 때문이다. 자동차 수는 1945년에 7천 대이던 것이 70년이 흘러 2천만 대를 돌파하여 무려 2,700배로 등록 차량이 폭발하였으니 상상해보라. 그 많은 차량이 우리의 생활 공간을 얼마나 침투하고 잠식하고 있는지를.[7]

혹자는 전기자동차(약칭 전기차) 출현으로 소음을 걱정하지 말라고 하지만 저속 주행에서는 기계 소음을 방지할 수 있으나 고속 주행 조건에서는 타이어 마찰 소음과 질주하는 자동차가 일으키는 난류가 기계 소음을 압도할 정도로 높기에 소음 테러는 끝날 기미가 없다.[8] 내연 동력 차량의 경우 25km/h 이하는 엔진 소음, 25km/h 이상은 타이어 마찰 소음이 두드러지고, 전기차는 25km/h 이하는 무소음, 25km/h 이상은 타이어 마찰 소음이 발생하며 1.5kHz부터 타이어 마찰 소음이 10dB(A) 이상 증가한다. 최근 전기차에는 고무 합성 등을 활용한 소음 저감 타이어가 개발된 상태이다.[171]

도시 재생 사업이 다양한 형태의 생활 공간을 만들어내고 '안전속도 5030' 제도가 시행되면서 도시 전체를 저속 주행으로 유도하여 교통소음에 대한 주민의 감각 절대역을 낮출 것이기에 더욱 느리고 조용한 교통을 요구하게 될 것이다. 교통소음이 도시의 구조를 혁신하고 삶의 공간을 사람 중심으로 바꾸는 데에 기폭제 역할을 할 것으로 기대하고, 향후 제한속도 30km/h 구역 내 교통정온화 구역이[9] 확대되어 생활 반경 내 교통에 의한 소

---

7) 1980년에 50만 대, 1985년에 100만 대, 1992년에 500만 대, 1997년에 1,000만 대, 2014년에 2,000만 대에 도달하였고, 2020년 6월 기준 2,400만 대를 넘어선 상황이다.

8) 전기 주행 자동차의 상용화로 내연 기관 추진 자동차에 비해 음압이 적게는 10데시벨, 많게는 15데시벨까지 낮아질 수 있다. 이는 창문을 열면 25%, 닫으면 5% 소음 저감 효과를 기대할 수 있고, 야간 소음 기준을 35dB(A)까지 낮추는 것이 가능하다는 것을 의미한다.[196], [105]

9) 「교통정온화 시설 설치 및 관리지침」에 "교통정온화 구역은 자동차 진입 억제와 속도 저감이 필요한 목표 구간과 목표 구간으로 진입하기 전 영향권을 모두 포함한 구역을 뜻한다."

음이 획기적으로 줄어들 것으로 예상한다.

    반면, 간선 기능이 있는 교통망에 근접하여 주거지가 확대되면서 신호교차로가 설치되는데, 횡단 차량의 과속에 의한 타이어 마찰 소음과 정지·출발 차량의 기계 소음의 반복적 패턴이 소음을 가중하여 단일로 주변 주거지보다 소음 민원이 심각해질 것이다.[10] 왜냐하면 신호교차로 진출입부 음압 레벨은 단일로[11] 음압 레벨보다 높고, 최고 소음과 최저 소음 편차가 훨씬 크기 때문이다. 신호교차로의 소음 가중 현상에 대한 평가 방법은 정립되어 있지 않지만 통상 3dB(A) 할증해서 소음 방지책 강구를 권장한다.

    미래 도시의 교통소음은 인간의 정적과 고요에 대한 욕구와 환경에 대한 각성이 높아지면서 더욱 민감한 주제가 될 것이다. 자율주행차, 전기차, 수소차, 개인용 이동 수단 등 교통 시스템의 복잡한 양상이 도시 지역의 국지적 및 구조적 변화를 일으킬 것이고, 모빌리티 구조의 변화가 교통소음의 성격을 바꾸고 인간의 소음 인지에 영향을 미칠 것이다.

    2050년 탄소 제로 Net Zero 파리협약의 이행을 위해 110개국이 동참했는데[12], 미국은 2035년까지 전기차 100% 대체를 선언하였다. 그러나 정치적 압력을 동원한 고가의 신규 아파트 단지 입주민의 민원에 밀려 고속구간에 적합한 배수성 아스팔트 포장을 주거 지역에 깔아주고 기괴한 방음벽을 설치해주거나 고가의 방음창으로 바꿔주는 대책에 만족한다면 이는 원천 교

---

10) 신호교차로는 가다 서다 반복되는 특성을 갖고 있고 제한속도가 높게 설정될수록 최저 속도와 최고 속도의 편차가 커지면서 단일로 대비 3dB(A) 이상 음압이 높은 편이다. 유럽연합의 경우 신호교차로 도입 시 소위 3 데시벨 교차로 할증을 설계에 반영하여 제한속도를 낮추고 횡단 속도를 높이지 못하도록 신호기를 횡단보도 전방으로 이설하고 교차로 폭을 줄이는 등 소음 저감 교차로 설계가 보편적이다. 국내는 신호교차로에 대한 음향 설계 근거와 개념이 정립되어 있지 않다.

11) 단일로는 교차지점(교차로)이 없는 도로를 말하며, 예컨대 터널 내 도로도 단일로 범주에 포함된다.

12) 중국은 파리협약에 동참하지 않고 2060년까지 탄소 제로Net Zero를 자체 완수하겠다고 선언하였다.

통 Source Traffic 은 손대지 않고 소음의 근원을 외면하는 탁상행정이다. 도시지역도로의 연장은 꾸준히 진행되고, 매우 촘촘하게 구축되어 주거지의 낮과 밤은 교통소음으로부터 해방될 기미가 보이지 않는다.

미래의 교통소음은 다양한 탈것의 혼용으로 소음 발생의 시간적 구조가 일정하지 않고, 특히 수단별 정류시설(공영주차장, 이륜차 배달 대행 영업소, 커뮤니티센터 등) 주변 주거지는 지속적으로 불규칙한 소음 파동에 시달릴 것이다. 특히 온라인 배달 주문이 폭증하면서 배송 트럭(3.5톤 미만 중소형 화물차)과 배달 이륜차가 내뿜는 소음에 의한 피해가 사회적 이슈로 등장하고 있다. 야밤의 환경미화 차량의 덜컹거리는 소음이나 소방 차량의 경적은 견딜 수 있으나 이륜차의 굉음은 분노를 일으킨다. 왜냐하면 이륜차의 소음은 운전자의 의도적인 행동으로 읽히기 때문이다.

다른 한편으로 저소음 차량으로 홍보되는 전기차나 수소 전지 차량이 내연 기관 차량을 완전히 대체하는 것은 상당한 시간이 필요할 것이다. 문제는 시속 30㎞ 이상에서 전기차나 수소 전지 차량은 기계음보다 풍절음 및 타이어 마찰음을 유발하기에 교통소음 문제를 완전히 해결할 수 없을 거라는 점이다. 도시의 규모와 성격에 따라 도시 지역 내 다양한 교통소음 문제가 등장할 것이다.

예컨대 레저용 및 사업용 드론 교통이 활발히 이루어지면서 회전익 프로펠러 소음(로터수가 커질수록 소음이 증가)이 주택가 소음 민원의 패턴에 변화를 불러일으킬 여지가 크다. 회전익 소음과 관련하여 동일한 라우드니스에서 헬리콥터의 임펄스 혹은 격력 擊力 소음 Blade-Slap 이 프로펠러 경비행기나 제트기 소음에 비해 더 성가시게 느껴진다는 가설은 검증되지 않았다.[25] 격력 소음은 0.5초간 50dB(A)의 급격한 음압 레벨 상승이 가능한 폭발음과 비교될 수 있다. 가까운 미래에 저고도(150m) 회전익 드론 소음 피해를 대비한 특약 보험이 만들어지지 않을까 생각한다.

'주거지 = 불법 주차장' 공식이 성립될 정도로 주거지는 교통 밀도가 포화 상태이지만 다행스럽게 '안전속도 5030' 정책의 시행으로 도시지역 도로의 운행 속도가 전반적으로 하향되면서 속도 편차도 줄어들어 시간적 소음 구조가 예측 가능한 패턴을 갖게 될 것이다. 30존 내 교통정온화 구역(20존)이 확대된다면 밤에 자다 깨는 상황도 나아질 것이다. 교통량과 교통소음 간 로그 함수 관계(교통량이 증가할수록 음압 레벨이 선형으로 증가하지 않고 상승이 둔화)를 고려하면 도시 순환 도로나 도시 고속화 도로가 통과하는 신도시 지역의 음향적 중간 지대 [Acoustic Midtown] 에 있는 공동주택이 교통소음의 사각지대가 될 것이다.

교통소음은 사람에게 신체, 감성, 지성의 바이오리듬을 파괴하고 무기력하게 만들기에 그 피해를 설명하기에는 충분치 않은 명사 [noun] 이다. 교통소음은 교통 기술의 진보에 대한 맹목적인 믿음과 성장 지향적인 도시 사회에서 처음부터 원치 않았던, 그러나 피할 수 있는 음향 쓰레기이다. 어떠한 사회 정치학적 이데올로기로 치부되거나 사회경제적 계층 간 이익 상충의 대상이 아니라 성장 도취의 상태에서 벗어나 도시 팽창으로 고통받는 취약계층의 건강과 형평성을 위해 반드시 해결하여야 하는 과제이다.

02

소음 역학

교통소음은 질환에 걸릴 위험을 얼마나 높일까?

건강에 대한 WHO 정의에 의하면 "건강이란 다만 질병이 없거나 허약하지 않다는 것만을 말하는 것이 아니라 신체적, 정신적 및 사회적으로 완전히 안녕한 상태에 놓여 있는 것"이고, 소음에 대해서는 "기능적 역량에 장애가 있거나 부가적인 스트레스를 보상할 수 있는 능력에 이상을 초래하거나 다른 환경적 위해에 대한 감수성이 증가하게 되는 개체의 형태적, 생리적 변화"라고 하였다.

소음은 귀를 통해 뇌로 전달된 소리가 사람의 감정 반응을 일으키는 현상이다. 인간이 존재하기 전에 소음이 있는 것이 아니라 인간이 있기에 비로소 소음이 존재하는 것이다. 우리 몸이 불쾌한 감정을 느끼거나 심신이 이상 반응을 일으키게 하는 소리가 '소음'이다.

43개 유형의 환경 소음원 대표성 및 피해 가능성에 대한 의식 조사의 결과를 보면 도로 교통 및 도심 교통소음이 환경 소음원을 대표하는 것으로 나타났다.[18] 대형차는 소형차, 중형차에 비해 압도적인 환경 소음 유발 원인으로 지목되는데, 이는 소음원의 종류별 음압 레벨보다 개인적 피해 경험 여부가 환경 소음의 대표성 내지는 심각성을 평가하는 잣대로 작용하기 때문이다.

환경부 중앙환경분쟁조정위원회가 편찬한 《환경분쟁 사례집(2011년)》을 보면 처리된 2,416건의 환경 분쟁 중 소음·진동으로 인한 피해가 86%(2,070건)를 차지하였다. 환경 분쟁의 관점에서 소음 민원은 소음에 의한 심신의 부작용을 극복 내지는 적응하는 과정에서 표출된 사회심리적 반응이다.

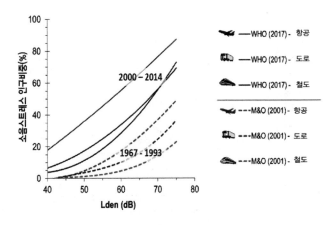

□ 교통소음 스트레스 인구 변화 (M&O, 2001; WHO, 2017)

WHO 연구에 의하면 교통수단별 같은 음압 레벨을 기준으로 1967~
1993년 기간의 노출 인구를 2000~2014년 기간의 노출 인구와 비교한 결
과, 1993년에 음압 레벨 70dB(A) 수준 교통소음에 정신적, 신체적인 피해를
호소한 인구가 25% 수준이었으나 2014년에는 55%로 2배 증가하였다.[130]
[78] 이는 소음에 대한 성가심 내지는 스트레스가 소음에 의한 직접적인 반
응이 아닐 수 있음을 암시한다.

교통소음 피해 인구가 얼마나 빨리, 얼마나 오랫동안, 어느 규모로 늘어
날 것인지에 대한 문제는 기후 변화 피해 인구에 버금가는 문제다. 추정컨
대 산업화가 한창인 90년대 사람들은 교통소음에 의한 피해를 호소하고 구
제받는 것을 사치라 여겼지만, 30년 후 사람들은 소음원에 대한 보다 능동
적인 통제와 소음 개선의 목소리를 내기 시작했다. 그것이 차이를 만들었
다고 생각한다.

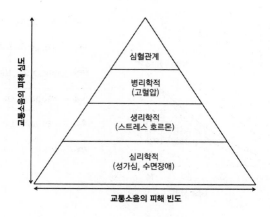

교통소음의 피해 기제

물론 음향은 부정적인 평가를 통해 소음이 되고 사람마다 소음에 대한 반응이 제각각이지만 스트레스를 감정적으로 통제하지 못한다면 누구나 뇌·심혈관 질환의 위험에 처할 수 있다. 교통소음에 장기간 노출되는 피해의 심도는 낮지만(의료 보상의 관점에서) 피해 빈도는 매우 높은 심리학적 고통을 동반한다. 소음원을 직접 통제할 수 없고 소음 방지의 수단이 제한적인 상황으로 인지함으로써 카테콜라민 ^{Catecholamine} 과 코티솔 ^{Cortisol} 등 신경 전달 호르몬을 방출하여 심박수와 혈압을 높이고 수면 장애를 일으키거나 위궤양을 형성하며, 심장과 뇌혈관에 악영향을 주고 고혈압에 의한 심근경색, 뇌졸중 등 대사성 질환의 형태로 표출된다. 그러나 이러한 소음 피해는 빙산의 일각에 불과하다.[13]

---

13) 뇌·심혈관 질환자의 2% 정도를 교통소음과 연관성이 있는 것으로 추정한다. 음압 레벨이 70데시벨을 넘는 도로변 공동주택의 주민은 급성 심근염을 앓을 위험이 20% 증가한다.[43]

2.1 환경의학자의 우려

교통소음과 뇌·심혈관 질환의 연관성에 대한 연구는 1980년대 중반부터 활발하게 진행되었고(이전에는 교통소음이 유발한 심혈관 질환의 위험도가 흡연 습관이나 영양실조에 의한 위험도보다 낮다는 인식으로 중히 여기지 않았지만[14]) 소음 역학에 대한 다양한 규명 노력으로 현재는 논쟁의 여지가 크지 않다.

소음 역학, 환경의학, 또는 사회의학 관련 방대한 문헌에 대한 메타 리뷰가 훌륭한 논문으로 바비쉬와 이싱[Babisch/Ising, 1987]이 있다.

논문은 교통소음 취약 지구와 통제 지역 주민의 현병력, 라포[Rapport] 외에 수면제, 두통약, 진정제, 항우울제 복용량 데이터를 비교하여 상관성을 규명하였고[168], 정신과적 발병률은 높지 않다는 것을 알아냈다.[182] 소음과 심근·뇌경색 또는 협심증은 연관성이 낮았고[107] 혈압·근육긴장항진 수치는 소음의 영향을 받았다.[168] 생화학적 변인과 관련해서는 혈색소 수치는 상승하지만 혈당과 요산은 변동이 없으며, 호르몬 농도와 관련해서는 음압 레벨이 높을수록 혈장 수치가 상승하는 한편, 콜레스테롤과 중성지방, 적혈구 수치는 교통소음에 민감하지 않았다.[52]

병리학적 설명을 보완하자면 심야나 새벽 시간대 수면 상태에서 반복적으로 소음 자극이 시상하부 뇌하수체 부신 축의[15] 편도체를 자극하면 부신피질 자극 호르몬, ACTH가[16] 방출되어 코르티솔 수치를 증가시켜 고혈압, 당뇨, 동맥경화, 궤양 등의 발병률을 높일 수 있다.[173]

아래 그림은 교통소음에 장기간 노출 시 생기는 생화학적 스트레스 반응

---

14) 이와 관련한 논문은 Vog/Kastner (1999) 참고

15) Hypothalamic-Pituitary-Adrenal-Axis (HPA-axis)

16) Corticoptropin Releasing Hormone (CRH), Adrenocorticotropic Hormone (ACTH)

을 도식화한 병리학적 소음 모델로 교통소음을 음향 자극이 아니라 시스템 스트레스 요인으로 정의하고 있다.[122]¹⁷⁾

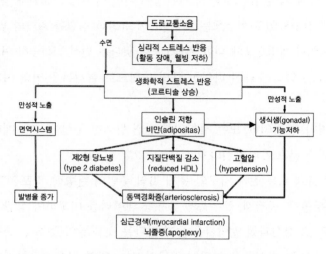

□ 소음 스트레스에 의한 병리학적 효과 (Maschke 등, 2000)

바비쉬/이싱은 교통소음과 관련한 의학적 가설들을 체계적으로 검증하여 음압 레벨이 높은 도로변 주민은 콜레스테롤, 코르티솔 수치와 수축기 혈압이 상승할 수 있고, 허혈성 심장 질환에 걸릴 위험이 높다는 결론을 내렸다.[29]

물론 코르티솔 수치가 반드시 상승만 하는 것은 아니다. 코르티솔 반응을 세 가지로 유형화하면, 반응 형태 I 은 코르티솔 수치가 상승하고 수면 품질도 하락하는 경우이고, 반응 형태 II 는 코르티솔 수치가 하강하지만 수면 품질은 그대로인 경우이며, 반응 형태 III 은 코르티솔 수치는 불변인데 수면

---

17) 음향 자극이 뇌에 도달하면 음향을 해석하는 청각피질과 자극에 대한 정서 반응을 관장하는 편도체를 활성화한다. 음향 자극이 커질수록 특히 수면 단계에서 의식하지 않더라도 편도체가 알람 반응을 일으켜 생화학적 스트레스 반응을 유발한다.

품질은 나빠지는 경우이다. 코르티솔 수치가 하강함에도 수면 품질이 그대로라면 스트레스로부터 스스로 보호하려는 자율신경 억제로 해석한다.[80] 자율신경 억제는 달리 표현하면 외부 자극을 차단하는 능력인데, 특히 어린이의 경우 교통소음에 쉽게 산만해지고 학습 문제를 겪을 수 있어 난독증의 원인으로 작용할 수 있다. 아래는 교통소음 장기 노출에 대한 환경의학적 위험 인자를 로짓 분석을 통해 오즈비$^{odds\ ratio}$[18]로 해석한 결과이다.[29]

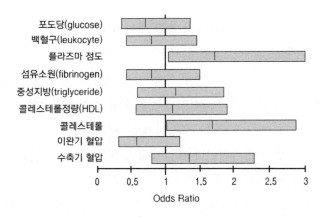

□ 교통소음의 환경의학적 위험인자 프로필 (Babisch/Ising, 1992)

이 연구는 동일한 교통소음 노출 수준을 갖는 두 개 지역(영국 웨일즈 퀜트주에 있는 공장 노동자가 밀집한 카필리^{Caerphilly}와 영국 브리스톨에 있는 주거 지역과 산업단지가 섞인 스피드웰^{Speedwell})을 비교하였는데, 그림은 카필리 결과를 보여준다.

---

18) 다항 로지스틱 회귀 분석을 통해 계량형 예측 변수의 효과를 표현한 오즈비가 1보다 크면 예측 변수, 즉 교통소음의 노출도가 커짐에 따라 환경의학적 위험도가 증가한다고 해석한다. 오즈비가 1보다 작으면 예측 변수가 증가함에 따라 환경의학적 위험도가 감소한다. 예컨대 교통소음 노출도가 1씩 증가할 때마다 주민의 콜레스테롤이 높아질 확률은 약 세 배 증가한다. 퍼센트로 표현하면 독립 변수 1단위 증가에 따라 종속 변수 발생 확률이 300% 증가한다고 해석한다.

스피드웰은 포도당, 백혈구, 플라즈마 점도, 섬유소원, 중성지방의 오즈비가 약 1.5~2 정도로 교통소음의 환경의학적 효과가 나타난 반면 콜레스테롤 정량, 콜레스테롤, 이완기 혈압(최저 혈압), 수축기 혈압(최고 혈압)은 오즈비가 1보다 작아 교통소음의 환경의학적 효과가 높지 않았다. 카필리 주민의 콜레스테롤과 수축기 혈압이 스피드웰 주민보다 훨씬 높게 나타난 것은 소음 특성 외에도 다른 요인(예: 창문을 항시 닫는 비율 등)이 있는 것으로 추정하였다.

이와 관련하여 오스트리아에서 야간 화물차의 통과 소음에 노출된 다섯 개 지역 주민을 대상으로 능동성(소음 방지 시민단체 가입, 소음 민원, 고성능 방음창 설치, 주야간 창문 닫기, 침실 위치 변경, 이사 검토 등)이 수축기 혈압에 미치는 영향을 비교 조사하였는데, 활동 지향적일수록 혈압이 상대적으로 낮고, 소음 민감도 또한 낮은 것으로 나타났다.[118]

소음 방지 시민단체 가입이나 후원 활동을 하는 주민의 혈압이 방음창을 설치하는 주민에 비해 낮은 편이었고, 침실 위치를 변경하거나 방음창을 설치하거나 야간 시간대 창문을 닫는 주민의 소음 민감도가 이사를 희망하거나 주간 시간대 창문을 닫는 주민보다 훨씬 낮게 나왔다. 이는 소음에 대한 무기력 내지는 주관적 통제력의 수준이 능동성의 수준을 결정하고 소음 민감도와 혈압에 영향을 줄 수 있다는 것을 보여준다.

따라서 교통소음에 대한 민원 제기는 음향 특성의 문제가 아니라 정보 내용, 노출 지역의 인구학적, 사회경제적 특성, 기대하는 음 환경 등의 복잡한 발생 기제여서 도로 교통 설계와 소음 방지 계획의 조율과 더불어 인간공학, 환경의학, 심리음향공학, 환경생태학 등 통합적 접근을 요구한다. 특히 음향적 위험 지역은 일반 의학과 공중 보건의 사각지대에 놓여 있기에 앞으로 환경의학자 및 사회의학자의 역할이 강조되어야 한다.

2.2 소음 불면증 'Sonussomnia'

밤중에 교통소음으로 수면이 파편화되어 숙면의 느낌을 얻지 못한 채로 아침을 시작한 경험이 누구나 있을 것이다. 교통소음의 최대 해악은 수면 장애라는 데에 이견이 없다. 야밤에 산산이 조각난 잠은 단순히 불쾌한 감정뿐만 아니라 개인의 사적 영역을 침해한 것으로 여겨져 분노와 우울을 동반하기에 정신적 고문으로 느낄 수 있다. 불면증의 원인자가 교통소음이니 이러한 현상을 학술적으로 새로이 명명한다면 '소음 불면증^{Sonussomnia}'으로 표현하고자 한다.

교통소음에 의한 환경의학적 위험인자, 즉 바이오마커(생체 표지자)는 수면 장애와 직간접으로 연결되어 있다. 수면 장애는 자율신경계를 망가뜨리는 원인으로 교통소음에 장기간 노출되면 수면 기간과 수면 품질이 감소하는 것으로 나타났다.[135]

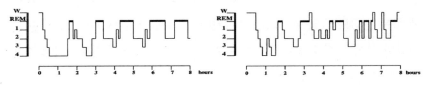

□ 정상(좌) 및 소음 피해(우) 수면 프로파일 (Muzet, 2007)

교통소음이 야간 시간대 수면을 깨우지 않더라도 수면의 깊이 내지는 품질을 떨어뜨리고 스트레스 반응을 유발할 수 있다. 50dB(A) 백색 소음에 일시적으로 노출되어도 깊은 수면 단계를 단축할 수 있다.[116] 피부 전기 저항도, 근육 긴장도, 엄지손가락 맥박 진폭 등 자율신경계 반응을 관찰한 결과도로 교통 소음은 깊은 수면 단계와 렘^{REM} 단계 시간을 단축하고, 깊은 수면의 양적 부족을 불러와 아침까지 늘어지게 만드는 요인이 된다. 교통소음이 수면의 품질을 떨어뜨리는 문제와 관련해서 등가소음도[19] 39dB(A) 조건에서도 노출 인구의 5%가 수면 장애를 호소할 수 있으며, 38dB(A) 이하에서는 수면 품질의 저하에 따른 민원 가능성은 없는 것으로 보고 있다.

주거지의 야간 수면 장애를 일으키는 도로 교통 소음의 임계를 유럽연합은 35dB(A)로 설정하고 있는데, 노출 인구의 10%가 수면 장애를 호소하기 때문이다. 60dB(A)에서는 노출 인구의 절반이 수면 장애를 겪을 확률이 있는 것으로 추정한다.[20]

소음과 수면의 관계는 뇌전도, 눈전위도, 근전도 등 생리적 변수로 수면 과정을 측정하고 수면 주기의 분포 비율을 측정한다. 수면 주기는 깊은 수면 단계와 소위 렘 수면 단계로 구분하는데, 깊은 수면 단계는 주로 생리적 회복, 렘 단계는 심리적 회복을 관장한다. 교통소음 노출 여부에 따라 깊은 수면과 렘 수면 주기가 짧아지는 경향이 있고, 스트레스 호르몬, 특히 코르티솔 분비량이 커지는 것으로 나타났다.[122] 매일 분비되는 코르티솔은 개인마다 편차가 있지만 대략 12~20㎎ 수준인데, 밤 10시부터 아침 6시 사이에 하루 생산량의 30% 정도가 분비된다. 따라서 야간 시간대 코르티솔 분비량의 세 배를 하루 분비량으로 추정하고 환경의학적 기준치로 삼을 것을 권고한다.[122]

---

19) 공동주택의 소음 측정 기준에 의하면 등가소음도[Leq]는 임의의 측정 시간 동안 발생한 변동 소음의 총 에너지를 같은 시간 내의 정상 소음의 에너지로 등가하여 얻어진 소음도를 말한다.

20) 항공 소음의 경우 10% 인구가 수면 장애를 호소하는 피폭 소음의 임계는 60dB(A)로 제시하고 있는데, 72dB(A)에서 인구의 절반이 수면 장애를 호소할 수 있다.

2.3 소음과 공격성/이타적 행동

정서적으로 안정된 사람은 그렇지 않은 사람보다 교통소음을 더 잘 견딜까? 교통소음에 대한 주관적 통제력 상실감이 무기력을 유발하여 공격 성향을 더욱 부채질할까?

소음 민원을 제기해도 삶의 조건이 나아지지 않은 경험이 쌓일수록 관철 의지가 약해지거나 관철 능력 자체가 상실되는 학습된 무기력이 시작된다. 소음의 불예측성이나 불통제성 내지는 의도된 행위의 방해 여부가 공격성을 발현하거나 가중할 수 있는가는 오래된 화두이다.

결론을 미리 말하자면 소음은 우리를 화나게 만들 수 있다. 소음 피해를 부정하는 단계에서 시작하여 관할 관청 공무원의 탁상행정에 분노하는 단계를 거쳐 환경 변화에 진전이 없어 체념에 이르고, 무기력하게 처한 현실을 인정하는 심리 변화 단계를 경험해야 소음 민원을 제대로 이해할 수 있다.

이와 유사한 이론으로 '4A 가설'이 있다. 정신적 방전의 심리 단계를 공격, 표현, 행동, 냉담 4단계로 구분한다.[82]

도너스타인/윌슨 Donnerstein/Wilson, 1976 이 실험한 사례를 보면 수필 작품전에 참가한 피험자를 교통소음 수준에 따라 두 집단으로 나누어 품평회 후 분노 수준과 소음 세기를 평가하게 하였다. 자신의 작품에 대한 부정 평가를 받은 피험자의 경우 분노 게이지가 전반적으로 높았고, 음압 레벨이 높을수록 분노 게이지도 덩달아 올라가는 것으로 나타났다. 반면 자신의 작품에 대한 긍정적 평가를 받은 피험자의 분노 게이지는 전반적으로 낮았고, 음압 레벨 고저가 분노 게이지에 영향을 미치지 않는 것으로 나타났다.

이와 관련하여 교통소음 노출 전에 심기가 이미 불편한 상태에 처한 주민이 과도한 교통소음에 노출되면 분노와 공격성이 촉진될 수 있다는 '인지표기이론 Cognitive Labeling'은 정서적 안정이나 주관적 통제력과 같은 매개 변수가 교통소음의 부정적 영향을 완화할 수 있다는 것을 암시한다.[75]

인지표기이론과 관련하여 주관적으로 통제할 수 없는 소음 조건에서 학습자에 가하는 처벌 수위(전기 충격)가 소음 통제권이 부여된 통제 집단보다 훨씬 높게 나타났는데, 이는 교통소음에 대한 예측과 통제 여부가 스트레스 자극에 대한 자율신경계의 반응, 즉 흥분을 일으키거나 반응을 완화하는 것과 관계가 있다는 것을 보여준다.[70]

교통소음이 심한 지역의 주민이 공격성과 같은 반사회적인 행동 경향이 강하다면 상대적으로 고요한 지역의 주민은 이타적 행동, 선린 Good Neighborliness, 우호와 같은 사회적 행동 경향이 강할까?

이와 관련한 흥미로운 사례가 있다.

네덜란드의 대도시와 소도시에 거주하는 2,567명 주민을 대상으로 조사한 결과 교통소음이 상대적으로 적은 지역의 주민이 도움을 요청하는 이방인에 이타적 행동를 보일 확률이 교통소음이 취약한 지역의 주민보다 5.5% 높은 것으로 나타났다.[110]

코르테 Korte, 1975 등은 교통소음이 취약한 지역 주민의 비우호적인 태도 경향을 '도시의 무례'로 명명하였다. 교통량이 많고 통행 속도가 높으면 소음 강도가 커지고, 이는 사람 간 소통 행태를 변화시킨다. 타인을 돕는 경향이 줄고 공격성을 촉진할 수 있다. 왜냐하면 소음이 과하면 우리의 뇌가 평소에 이타적 행동을 자극할 미약한 사회적 시그널을 처리하거나 포착할 수 있는 능력을 잃을 수 있기 때문이다.

우리의 청각 세포는 달팽이관에 분포하여 감각모를 통해 소리 자극을 처리한다. 달팽이관 기저막 위에 코르티 ^{Corti} 기관이 있고 안쪽에 내유모세포가 1열, 바깥쪽에 외유모세포가 3열로 배열되어 있으며, 약 18,000개의 유모세포가 일상의 도로 교통소음 테러에 대처하고 있다. 유모세포가 음향 쓰레기를 처리하느라 바쁘면 타인의 얘기를 청취할 여력이 없는 것이다.

미국 샌프란시스코의 소음 연구는 교통량과 교통소음이 많을수록 사회적 상호작용, 환경 의식 및 교통안전이 악화되는 것을 보여주었다. 특히 교통소음이 적은 지역의 주민 간 접촉 빈도가 상대적으로 높게 나타났다.[27] 이는 교통소음이 주민 간 소통을 어렵게 만들고, 주민 개개인이 자기 문제에만 관심을 기울여 공동체 의식이 약해진다는 메시지를 던져준다. 교통소음은 우리의 행동을 억압하거나 파괴하는 것을 넘어 이웃과의 소통을 해치고 삶의 품질을 위협할 수 있는 심각한 환경 오염원이다!

향후 신도시를 건설하거나 신규 도로를 계획하거나 운영 도로를 확장, 또는 개보수하는 경우 청력 손실을 방지하는 차원의 물리적 소음 기준에 안주하지 말고 지역 공동체의 특성을 고려한, 심리사회적 타당성을 확보한, 또는 사회정치적 합의에 기초한 소음 기준을 정립하는 데에 정치권의 관심과 역할을 기대해 본다.

2.4 소음과 학습 성과

교통소음 음압 레벨이 높은 도로변 학교의 학점이 상대적으로 낮은 경향이 있다.[91] 소음은 대화 방해로 인한 학업 능률 저하 및 신체적 피로와 심리

적 영향으로 단순 짜증과 불쾌감 등을 유발한다.[15]

소음이 성장기 어린이의 언어 발달에 지장을 줄 수 있다. 소음과 학습 효과에 관련한 학설은 감각 자극이 상승 망상체를 활성화 내지는 각성시킨다는 가설에 근거를 두고 있다. 감각 자극과 망상체 활성화에 대한 가설은 회만[Hoermann]이 처음 제안한 것인데, 음향 자극의 장기간 노출이 상승 망상체 활성화 시스템[ARAS]을 각성시켜 학습 성과에 영향을 미칠 수 있다는 것이다.[86]

이와 관련하여 이미 60년대에 교통소음 및 기계 소음이 혼합된 복합 소음에 장시간 노출되면 지능 구조 검사[21]나 집중력 검사[22] 성과가 저하될 수 있다는 사실이 알려지기 시작하였다.[120] 다른 한편으로 교통소음 조건에서 음성 명료도[Speech Intelligibility] 및 음성 전달 지수[Speech Transmission Index]를 측정하여 어린이의 학습 장애와 관련성을 규명하기도 하였다.[23]

음성 명료도 100% 보장을 위해 수용 가능한 교통소음은 43dB(A), 이상적인 교통소음은 38dB(A)을 넘지 않아야 한다.[35] 롬바르드 효과[Lombard Effect]는 교통소음이 40dB(A) 이상이면 원활한 소통을 위해 자신의 목소리를 55dB(A)로 높여야 하고, 교통소음이 1dB(A)씩 증가할 때마다 목소리를 0.5dB(A)씩 높여야 한다는 것이다.[160] 야외 1m 거리에서 음성 명료도 100% 보장을 위해 교통소음은 50dB(A)를 넘지 않아야 하며, 지속적인 소음 노출 시 65dB(A)은 음성 전달의 관점에서 수용의 한계치로 본다.[190]

교통소음에 노출된 어린이의 학습 효과와 관련하여 지능지수가 낮은 어린이가 소음 수준이 높은 조건에 노출되면 산수와 읽기 과제의 성과가 저하될 수 있다.[94]

---

21) 암트하우어[Amthauer]의 지능 구조 검사(Intelligenz–Struktur–Test)

22) 뒤커[Dueker]/리네르트[Lienert]의 집중력 검사(Lienert/Jansen, 1964)

23) 음성 명료도와 음성 전달 지수의 함수 관계는 SI = 1 + log10(STI)

인간이 생산하는 소음 쓰레기 ^{Anthropony} 는 인간에게만 피해를 주지 않고 야생 동물, 특히 도시 조류의 인지 기능을 망칠 수 있다. 도로 교통 소음에 노출된 금화조 $^{Zebra Flinch}$ 의 먹이 수집 능력이 저하되고 배경 소음[24]이 시끄러우면 인간이 언성을 높이듯이(칵테일파티 효과) 금화조의 지저귀는 소리 세기도 조용한 지역의 금화조보다 높게 나타났다.[140]

인간이 만든 문제는 오직 인간만이 해결할 수 있다. 인간의 영향을 가장 크게 줄이면서 동물권(수렵과 소통의 권리)도 보호할 수 있는, 가장 쉽게 달성할 수 있는 해결책은 교통 습관의 변화일 것이다.

아르헨티나 코르도바 ^{Córdoba} 시에서 수행한 연구는 우리나라처럼 자동차 통행량이 많은 간선도로변 학교의 어린이가 어떤 학습 장애를 겪는지를 잘 보여준다.

소음 지역과 비소음 지역의 학교를 비교한 결과, 소음 지역 내 학생 간 학습 성과의 변동 폭이 비소음 지역보다 큰 것으로 나타났고, 고학년보다 저학년의 학습이 교통소음에 더 민감하게 반응하고 부정적인 영향을 받는 것으로 나타났다.[170]

항공 소음에 장기간 노출되는 것이 어린이의 신장에 영향을 미치는지를 연구한 사례에서는 다행히도 연관성이 없는 것으로 판명이 났다.[159] 그러나 열차가 통과하는 선로 변 학교의 어린이 독해력이 철도 소음에 영향을 받지 않는 학교와 비교하여 떨어지는 것으로 나타났는데, 이는 장기 노출로 중요하고 중요하지 않은 음향 단서를 구분하거나 주의하는 음향 분별 능력이 손상될 수 있음을 암시한다.[41]

---

24) 소음 진동 공정 시험 기준에 의하면 배경 소음은 측정하고자 하는 소음 이외의 소음을 말한다.

의학적으로 건강과 병은 명료하다. 문제는 건강과 병 사이에 명료하지 않거나 비합리적인, 건강을 위협하는 소음 피해의 다양한 형태가 분포되어 있다는 사실이고, 이것은 환경의학, 사회의학, 심리음향학 등 학술적인 평가를 통해 규명해야 하는 대상이다. 왜냐하면 소음 기준치는 병(예: 난청)을 기준으로 보호 임계를 정하지만, 소음 피해(예: 수면 장애, 정서 불안, 학습 저하, 소통 장애, 휴식 방해 등)는 피해에 대한 보험 손실의 합리성, 비용 편익 요인의 설계, 역학적 합리성, 사회경제적 수용성 등 건강 역치와 보호 임계의 스펙트럼에서 학술적 함의를 구해야 하기 때문이다.

03
소음 방지 대책의 효과와 한계

3.1 방음벽

도시부도로 가변 공간의 방음벽 설치는 대표적인 수동적 소음 방지책이고, 가로수 정렬 구조나 수목 종류가 방음벽 효과를 향상할 수 있다. 교통 부하가 높은 간선도로에 연접한 공동주택의 경우 터널형 방음벽이 설치되는 추세이나 설치비 부담이 매우 높은 편이다.

□ 국내 터널형 방음벽 사례

방음벽 설치로 라우드니스 ^{loudness} 는 6dB(A)이 저감된 것으로 평가하는 반면, 어노이언스 ^{Annoyance} 는 2dB(A) 감소한 것으로 느낀다.[97] 도로 양측의 경우 반향 효과로 최적화하는데 차도 중앙에서 건물 간 거리(e)가 짧을수록, 방음벽 높이(heff)가 높을수록 음압 레벨 감소의 폭이 커지나 10m 이상부터는 감소 효과가 한계점에 도달한다.

---

25) 데카르트의 후학이자 음악 이론가인 마틴 메센느 $^{Martin\ Mersenne}$ 는 성벽으로부터 158m 이격 거리에서 2개의 음향 간 휴지^{休止}를 인지하지 않는, 시간의 지체가 없이 반사파가 돌아오는 것을 관찰하여 소위 'Benedicam dominum' 베네딕트 성가의 음향 효과를 개발하였다.(Hellbrueck, 1993)

주택 창문에서 방음벽 너머로 지나가는 차량이 보인다면 소음으로부터 보호되고 있지 않은 것이다. 따라서 10층 이상 공동주택의 경우 보완 대책을 강구해야 한다. 왜냐하면 방음벽은 고주파음을 차단하는 효과가 있지만 저주파음 차단에는 한계가 있기 때문이다. 인간이 들을 수 있는 저주파음의 파장은 16m에 달한다.

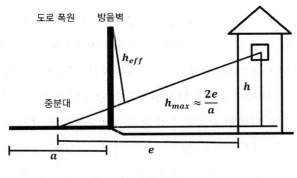

□ 효과적 방음벽 높이

방음벽의 소음 저감 성능은 단순히 회절감쇠를 모델링한 것이기에 교통 특성, 인구 특성, 환경 변수 등 통제 한계로 실질적인 소음 저감 효과를 추정하기 어렵다.[1] 왜냐하면 소음 민원은 주간 교통량보다 야간 음색이 문제이기 때문이다. 방음벽의 차음 성능은 방음벽 재료에 의한 투과 손실과 음원과 수음점의 위치 관계에 의한 회절감쇠에 의해 결정되며, 투과 손실이 큰 재료로 구성된 방음벽일 경우 소음 저감 성능은 높이와 길이에 의해 결정된다. 방음벽의 흡음 성능은 방음벽 설치에 의해 반사음의 영향으로 맞은편 건축물의 소음이 높아진 경우에 요구된다.

방음벽에 요구되는 음향 성능은 투과 손실과 흡음률이며, 평가는 한국산업규격(KS F 2808)에 규정된 방법으로 측정한다. 소음 방출이 생활 및 수면 공간에 끼치는 영향과 관련하여 고속 국도변 공동주택 단지의 건설은 국가 산업 단지나 공군 비행장과 같이 소음원의 배출량을 제한하기보다 법률적 회색 지대로 손해 배상 규모를 낮추기 위해 방음벽이나 저소음 포장으로 환경 분쟁을 조정하는 것이 일반적이다.

방음벽은 주변 경관을 해치거나 조망권을 침해하거나 범죄적 공포 공간을 만들며 공동체를 약화시키는 대상으로 인식되어 선호도가 낮은 편이다. 차도와 직접 마주하는 주택가의 경우 주간 시간대 침실 내 창문을 닫고 사는 주민의 80%는 침실 소음이 40dB(A) 이하에서 만족하는 반면 45dB(A)에서는 만족 비율이 60%로 떨어졌다.[193] 불만족의 원인은 환풍기가 구비되어 있지 않은 상태에서 창문을 닫으면 벽면에 곰팡이가 형성되기에 환풍기 설치가 방음창과 더불어 중요한 수동적 소음 방지책으로 고려될 필요가 있다. 또한 침실의 위치가 차도 방향이면 교통량이 적더라도 주민의 30%는 수면 장애를 호소할 수 있고, 침실의 위치를 차도와 최대한 먼 쪽에 배치하면 수면 장애 비율이 10% 이하로 떨어지는 것으로 보고된 바 있다.[98]

유럽연합에서는 주거지 방음벽 설치에 대한 거부감이 매우 큰데, 왜냐하면 방음벽이 베를린 장벽을 연상하게 하고 슬럼가를 형성하기 때문에(유럽연합에서 도심 아파트는 난민수용소 이미지가 형성되어 있고 소음 배출 취약지구로 각인되어 있음) 지역 공동체에 균열을 일으킬 수 있기 때문이다.[92]

국내는 방음벽의 재질과 구조가 주거지의 소음 성가심 내지는 민감도에 미치는 영향에 대한 기초 연구가 부재한 상태이다. 직각 방음벽의 한계를 극복하기 위한 곡선 방음벽이 도입되었는데, 오스트리아 나들러 Nadler 는 직각의 방음벽과 소음 특성을 비교하여 곡선 방음벽이 주거지의 소음 저감에 훨씬 성능이 높다고 하였다.

차로 축으로부터 400m 이격 거리에 위치한 공동주택의 경우 직각 방

음벽은 10dB(A) 감소에 그치지만 곡선 방음벽은 20dB(A) 저감 효과가 있다.[136]

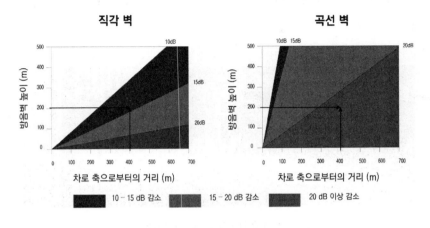

□ 방음벽 구조의 효과 비교 (Nadler, 2003)

□ 국내 직각 및 곡선 방음벽 사례

　　방음벽은 소음 전파 경로를 제어하는 효과적인 방법이지만 고층 주거의 상층부에는 효과 한계가 있고, 시야가 차단되어 심리적 압박을 느낀다거나 문화적 가치나 도시의 매력도 저하, 조망권 침해로 건물가액의 하락을 유발한다.

　　최근에 방음벽 디자인에 다양한 변화가 시도되고 있는데, 공동주택의 조망권을 보장하는 투명 방음벽이 각광을 받고 있다. 그러나 설치 전후 소음 민감도에 어떠한 변화를 일으키는지, 주거 환경에 대한 행복감과 만족도의 변화가 음향적 효과인지 비음향 요소의 복합적 작용의 결과인지 등은 규명이 필요하다.

□ 도시 미관 문제를 고려한 투명 방음벽

3.2 저소음 포장

바퀴가 굴러가는 도로에 어떤 포장재를 쓰는지도 소음 저감에 영향을 줄 수 있다. 엔진, 냉각팬, 배기 장치 등에서 나는 동력 소음은 저속일 때 주된 소음원이고, 차량 주위에서 발생하는 난류 등으로 나는 공력 소음은 차량의 구조적 특성에 영향을 받는다. 주행 속도를 낮추면 엔진 출력이 떨어지고 이는 통과 소음을 낮춘다. 타이어 마찰 소음은 타이어와 포장 면의 상호 작용에 의한 공기 이동 소음으로 타이어 마모율, 포장 공극률, 골재 크기 등에 영향을 받는다.

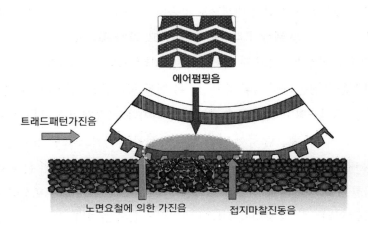

□ 타이어 마찰 소음 저감 원리 (포이닉스, 2013)

시속 30㎞ 속도 범위에서 석재 포장이 아스팔트 포장에 비해 음압 레벨이 3~6dB(A) 높다. 운행 속도가 높아질수록 석재 포장의 음압 레벨이 훨씬 크게 들릴 수 있지만 시속 30㎞ 이하로 떨어지면 포장이 음압 레벨에 미치는 영향은 약화되고[32], 교통정온화 효과가 극대화하는 시속 15㎞ 이하에서 포장재의 소음 격차는 거의 제로에 가깝게 된다.[74] 독일 도로소음 방지지침(RLS-90)[26]을 보면, 운행 속도 15~20㎞/h 범위에서는 포장재 간 소음 효과가 뚜렷한 차이를 보이지 않지만, 운행 속도가 30㎞/h 초과하는 시점부터는 포장재가 음압 레벨에 영향을 준다.

장마철 고속 국도의 추돌 사고나 이탈 사고의 주범인 물고임부는 건조한 상황과 대비하여 4~7dB(A)가량 음압 레벨이 높게 나타나기에 배수 시설의 긴급 보수는 사고 예방책이자 동시에 소음 방지책이기도 하다.[92] 도로

---

26) Richtlinien fuer den Laermschutz an Strassen.(도로소음 방지지침) 국내는 1990년 개정된 독일 도로 소음 방지 지침(RLS-90)을 교통소음 추정에 적용하고 있다.

시설은 능동형 소음 방지 대책으로 방음벽, 방음 터널, 저소음 포장 등이 있지만 점차 저소음 포장이 각광을 받고 있고, 특히 공극률이 15%를 상회하는 다공성 아스팔트가 속도 억제 및 소음 저감 효과가 큰 편이다.

저소음 포장은 공극률이 증가할수록 이동 공기량을 공극으로 분산시켜 유속을 떨어뜨려 마찰 소음을 줄이는 원리이다. 포장재의 공극률, 표면 형태[texture], 구조 스펙트럼 등에 따라 음향 특성이 달라지고 표면 형태는 타이어의 마찰 소음을 결정하는데, 오목한 표면은 소음 방지 효과가 큰 편이다. 공극률은 소음 전파에 영향을 미치는 반면, 구조 스펙트럼은 포장의 거친 정도를 알려준다. 포장의 공극률이 커질수록 흡음 효과가 커지고 에어펌프가 감소하면서 타이어 진동이 줄어드는 효과가 있다. 아래의 그림은 이를 개념적으로 설명하고 있다.

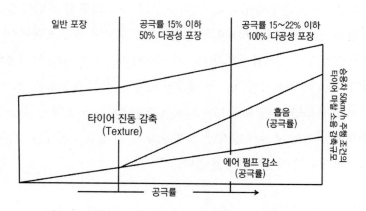

□ 포장 종류별 평균 소음 감축 범위 (Beckenbauer, 2015)

최근에는 공극률이 큰 저소음 포장을 설치하는 추세이다. 그런데 저소음 포장의 기준이 나라마다 상이하다. 스위스는 일반 포장과 비교하여 3dB(A) 차이가 있는 포장을 저소음 포장으로 정의한 반면, 스웨덴은 2dB(A) 차이가 나는 경우를 저소음 포장으로, 영국은 2.5dB(A) 차이가 나면 저소음 포장으로 간주한다.

소음과 관련하여 포장은 공극률이 결정적인데, 소위 다공성 아스팔트 Open-Pored Asphalt (약칭 OPA)는 콘크리트 아스팔트나 일반 아스팔트와 비교하여 3dB(A) 더 흡음 효과가 있다.

주행 속도별 포장 종류에 따라 기대되는 소음 저감 규모는[150] 포장 종류에 따라 제한속도 50km/h 조건에서 2dB(A), 제한속도 100km/h 조건에서 8dB(A) 감축을 기대할 수 있다.[27]

국내에서도 도시 재생 사업, 도시 녹화 사업 등에 다양한 다공성 아스팔트 시공이 활발하고, 특히 방사형 개질제를 이용한 복층 포장(상부층은 작은 골재, 하부층은 큰 골재 포설)은 공극률 22%로 일반 포장에 비교하여 9~10dB(A) 저감 성능이 있다. 이것은 균열, 포트홀, 소성변형, 표면탈리 등의 문제를 유발하지 않는 것으로 알려져 있다.

운영 도로에 대한 유지 보수 및 긴급 복구, 신규 도로의 건설 등 관련 계획과 연계하여 소음 저감 포장재의 확대를 모색하여야 한다. 운영 도로의 유지 보수 계획을 도시 재생 사업의 구도에서 재조명하는 것도 소음 방지 설계 요인으로 인식해야 한다. 도시 재생 사업의 관점에서 포장재가 도시의 이미지와 부합하는지, 지속 가능 도시 건설에 기여하는지 등을 검토할 필요가 있다.

석재 포장은 교통량이 많고 주행 속도가 높은 경우 부적합하지만 도시 이미지 개선에 필요하다면 제한속도를 하향하는 보완책으로 마련되어야 한

---

27) 저소음 포장을 하지 않을 경우 발생하는 사회경제적 손실을 원 단위로 추정한 연구가 있는데, 1dB(A)씩 올라갈 때마다 가구당 연간 25유로를 지불하고 주택 가격은 0.4% 하락하는 것으로 추정하였다.(Silvia Guidance Manual, 2006)

다. 예컨대 주거상업 지역 진출입로 과속이나 부적정 속도[28]의 가능성이 있는 경우 석재 포장은 보행섬이나 시케인 chicane (노상주차면 교차설계)과 병행하여 설치한다. 교통량이 많은 저속 구간에 석재 포장 시 차로 외측 좁힘 choker 또는 차로 내측 좁힘 pedestrian island 을 통한 협착 등 보완대책을 강구해야 한다. [151]

포장재는 도시 이미지, 역사 문화재 보호, 환경 보호 등의 요구사항을 검토하여 선정하여야 한다. 도로의 네트워크 의미, 교통량, 교통 특성, 지역 주민의 사회문화적 취향 내지는 사회경제적 관심, 거주 밀도, 교통량 통제 수단 등도 포장재 선택의 결정 요인이다.

유럽연합에서는 간선도로조차 석재 포장을 설치하여 20㎞/h 저속을 유도하는 경우가 흔하다. 제한속도가 높은 간선도로에도 자동차가 밟지 않는 음영 지대가 있는데, 예컨대 교차로 가각부, 화물차의 회전 반경을 고려한 도류 시설(교통섬), 보행횡단 지원을 위한 보행섬 극단부, 협착 지점의 측면 공간, 진출입 회전 유도 표지, 회전교차로 중앙섬 등이 있다. 이러한 음영 지대는 석재 포장을 통해 소음 감축에 기여할 수 있기에 환경 보호와 도시 이미지는 배타적인 관계가 아니라 상보적인 영향을 미친다.

---

28) 제한속도 80㎞/h 구간에서 주간에 100㎞/h 운행 중 사고가 나면 과속에 기인한 것으로 보지만 야간에 100㎞/h 운행 중 사고가 나면 부적정 속도가 원인이라고 말한다. 마찬가지로 제한속도 80㎞/h 구간에서 야간 또는 특별한 기후조건에 80㎞/h 운행 중 사고가 나면 부적정 속도에 기인한 것으로 해석한다. 공학적으로 반응시간을 고려한 제동거리에 시거리를 제한 값이 0이하인 경우 부적정 속도로 정의한다. 현상학적으로 제한속도를 준수하여도 안전거리를 지키지 않아 사고가 나면 부적정 속도가 1차 원인이 된다. 운전자의 85%가 과속으로 사고를 낸 경우 제한속도가 부적절하다면 속도를 강제적으로 낮추는 방안을 고려하여야 한다. 과속사고의 대부분은 높은 교통밀도에서 안전거리를 무시한 경우가 일반적이다. 85% 퍼센타일 운전자가 부적절한 속도로 사고를 내면 도로 요건이 운전자의 방향인지 또는 기대심리에 부합하지 않거나 시거 부족으로 오판을 유도한 경우이므로 인간요인을 고려한 표준화된 도로 설계를 고려해야 한다.

3.3 저소음 타이어

유럽연합은 1995년에 타이어 마찰 소음 감축 기준과 관련하여 타이어 폭에 따라 허용치를 72~76dB(A)로 제시한 바 있다.[174] 내연 차량의 경우 시속 30㎞ 이하에서는 엔진 소음이 두드러지고 그 이상에서는 타이어 마찰 소음이 커진다. 근저에 비중이 커지고 있는 전기차는[29] 시속 30㎞ 이하에서 사실상 무소음 수준이고, 그 이상에서는 내연 차량과 마찬가지의 타이어 마찰 소음을 유발하기에 '전기차 = 무소음차' 공식은 성립되지 않는다.

실제 도로 교통 상황에서 엔진 소음과 타이어 마찰 소음을 분리하기가 어려운데, 타이어 폭이 마찰 소음과 관련이 있고, 마찰 소음이 타이어 폭의 30배 로그 함수 관계를 가정한다.[176] 아스팔트 포장 도로에서 타이어 폭이 195mm인 차량은 155mm 차량보다 3dB(A) 마찰 소음이 크다. 물론 타이어 폭이 전적으로 마찰 소음의 크기를 결정하는 것은 아니기에 타이어 종류의 다양성을 고려하여 마찰 소음의 폭을 5dB(A) 정도 감안한다.

타이어의 트레드 폭이 클수록 소음이 커진다. 타이어 트레드 폭이 일정한 경우는 고주파음이 두드러져 호각 소리가 나고, 트레드 폭이 가변적이면 소음이 덜 발생한다.[65] 타이어 마찰 소음은 타이어의 고무 강성이 높아질수록 커지는 경향이 있는데, 스노타이어의 고무 강성이 여름용 타이어의 것보다 얇기에 소음이 적다. 자동차의 고속 기능이 향상되면서 타이어 폭과 고무 강성도 증가하여 자동차 성능이 개선되고 엔진 소음은 줄고 마찰 소음은 증가한다.

아래는 제한속도별 승용차와 화물차의 타이어 마찰 소음이 차지하는 비

---

29) 2021년부터 시각장애인의 안전을 위하여 전기차는 주행 속도 19km/h 이하에서 후진하거나 진행 시 인공적인 경고음을 내도록 외부음향발생기Acoustic Vehicle Alert System(약칭 AVAS)를 장착하도록 의무화되었으나 인공 음향이 방향 탐지 및 거리 인지에 미치는 효과를 검증할 필요가 있다.

중을 보여준다. 나머지는 엔진 소음의 비중이다.

제한속도	30km/h	50km/h	100km/h
승용차	35% (타이어) 65% (엔진)	58% (타이어) 42% (엔진)	76% (타이어) 24% (엔진)
화물차	6% (타이어) 94% (엔진)	17% (타이어) 83% (엔진)	34% (타이어) 66% (엔진)

▫ 제한속도별 타이어 마찰 소음의 비중 (Steven, 1990)

3.4 안티 노이즈[Anti Noise] 기회와 한계

　물리 음향 영역에서 소음 방지 기술로 적용하는 안티 노이즈 기법은 1800년 토마스 영 [Thomas Young] 이 증명한 광파장의 간섭 효과에서 유래한 것이다. 같은 진폭과 주파수를 가진 중첩된 위상 차 진동과 파장은 서로 상쇄한다는 이론을 1877년 레이레이 [Rayleigh] 가 음향 현상에 적용하면서 안티 노이즈, 또는 능동 소음 제어로 알려진 것이다.[68] 이론적으로 교통소음의 음압 레벨 변화의 위치를 맞추되 시간 구조를 거꾸로 한다면 상쇄될 수 있다. 그러나 안티 노이즈 기법은 주로 저주파 소음을 상쇄하는 보완 대책에 불과하고 교통소음과 같은 복합 소음을 보완하거나 대체할 수 없다.

3.5 통합적 소음 방지

　소음 방지는 도로 설계, 교통 단속, 도시 계획, 건축 설계, 조경 계획 등 도시 자원의 정합성을 구현하는 오케스트라의 역량을 요구한다. 「지속가능교통물류 발전법(법률 제15739호)」(약칭 지속가능교통법)의 철학은 유관 정책의 자원을 조화있게 촉진하는 것이다. 교통수단의 복합적 선택 및 분담 구조의 개선이 대중교통 대책이자 소음 방지책이라는 인식을 가질 필요가 있다. 소음 방지를 위해 소음원의 회피, 억제, 전환, 통제, 균질성[30], 완화, 능[31] 동성, 수동성 등 방지 전략 유형별로 소음 저감 및 거버넌스 성과를 평가하는 체계를 만들어야 한다.

방지책의 효과는 효력을 발휘하는 시점에 차이가 있을 수 있기에 주간과 야간을 구분하되 교통량에 따라 효과의 크기가 달라질 수 있으므로 고용량 통행로에 지정체가 형성될 가능성을 살펴야 한다. 초커 Choker 를 이용한 차로 외측 좁힘(내민보도)의 경우 주간에는 소음 저감의 효과가 있으나 야간에는 부적합할 수 있고, 교통량이 높거나 화물차 비중이 많은 통행로는 회전교차로가 오히려 소음을 가중할 수 있다.

대중교통 접근성이 좋고, 보행자와 자전거의 통행량이 많고, 차도의 용도가 다양하고, 차도를 언제든지 편하게 횡단할 수 있는 환경은 도로의 생동감을 보장하는 조건이다. 소음을 유발하는 자가용 운행을 억제하는 것은 소음 회피 대책이나 소음 방지 계획에서 관철하기가 용이하지 않다. 보행, 자전거, 대중교통 등 녹색 교통의 촉진을 통한 수단 분담 구조의 변경을 꾀하는 것은 인내력을 요하는 장기전이다.

독일의 경우 '실험적 주거 도시 건설 ExWoSt' 사업을 통해 대중교통 환승센터 개발이 자가용 교통을 25% 감축하는 소음 방지 대책임을 입증한 바 있다.[152] 가장 조용하고 친환경적인 교통수단인 보행의 촉진을 위해 통학로와 쇼핑 가로의 자전거 교통은 보도에서 차도로 내려보내고 통행 구역은

---

30) 소음원의 균질성은 소음 성가심을 유발하는 두드러진 소음 특성을 줄이는 기법을 의미함.

31) 감축은 중대형 차량의 소음을 저소음 포장재로 직접 줄이는 것을 의미하며, 완화는 녹지대 등 간접적인 대책을 통해 소음에 대한 스트레스를 완화하는 전략임.

30존으로 묶는 대책도 고단한 투쟁을 요구하는 소음 방지책이다.

소음 방지 전략	통합적 소음 방지책
소음 회피	보행우선구역, 녹지대, 공원, 대중교통전용지구, Bike+Ride(대중교통환승센터), Park+Ride, 알뜰교통카드(승용차 포기 인센티브), 주상복합 건물(슬세권)
소음 억제	주차장 유료화(polluter pays), 배출등급 차량 통행 억제(녹색교통관리지역), 소음기 불법튜닝 단속, 방음벽, 저소음 포장, 방음창, 로지아[Loggia 32]
소음 전환	우회로(경로 제한), 도시 물류 최적화(Last Mile), 감응 신호기(교통류 통제), 주차장 입체화
소음 통제	속도 하향, 교통정온화구역(20구역), 자전거 전용차로(30구역), 저소음 운전 태도 계몽

▫ 통합적 소음 방지의 전략과 대책

　자전거 전용차로와 30구역의 확대가 자가용을 얼마나 억제할지, 자가용 및 대중교통 이용자가 얼마나 자전거로 갈아탈지 등 수단 분담 구조의 개선이 소음 방지의 효과성을 측정하는 성과 지표에 포함되어야 한다. 물론 차도에서 자전거의 통행 우선권을 보장하는 도로 교통 규제의 혁신은 필수적이다. 대중교통의 촉진은 자가용 회피 및 재배치의 중요한 소음 회피 전략으로서 대중교통 서비스의 품질, 예컨대 수요 응답 교통(약칭 DRT) 노선의 개발, 정류장 접안의 품질(대중교통 우선 신호), 전용차로(약칭 HOV), 배차 간격, 할인 상품 등이 있다. 학교, 요양원 등 소음 취약 시설은 간선도로변 설치를 지양해야 하고 소음 유발 요인인 쇼핑몰, 아웃렛, 대형마트 등 상업 시설이 주거 지역에 배치되지 않도록 도시 계획과 교통 계획은 통합적으로 조율되어야 한다. 소음 방지를 위한 교통 물류 체계의 효율화, 대중교통 활성화, 보행 및 자전거의 촉진, 그리고 자가용 억제를 위한 전략과 대책의 조화 설계를 통해 저소음 고안전의 지속 가능 도시를 지향해야 한다.[9]

　교통정온화 설계를 통해 차량의 운행 속도를 줄이면 화물차의 소음 부하를 상당히 줄일 수 있다. 특히 화물차의 교통 비중이 높은 간선도로, 예컨대 버스 중앙차로가 운영되는 구간의 소음 방지책이 강구되어야 한다. 대중교통전용지구에 승용차의 교통량 분산을 위해 우회 도로의 건설이 가능한지, 소음에 덜 민감한 도로로 유도할 수 있는지, 교통 유도 정보를 통한 차량의 분산이 가능한지, 감응 신호기가 분산을 유도할 수 있는지, 노상 주차장의 유료화 내지는 주차 유도 정보를 통해 소음 방지를 기대할 수 있는지 등은 소음 방지 전문가가 면밀하게 검토해야 한다.

화물차의 비중을 줄이는 소음 방지책은 버스 노선을 변경하거나 소음 부하 노선의 주야간 배차 시간을 달리하거나 중소형 화물차와 이륜차의 배달 및 택배 운송을 효율화하는 것이다. 예컨대 도심 배송 루트의 최적화를 통한 주행거리의 감축, 고객 빈도에 민감한 상가는 직접 배송을 지양하되 야간 시간대 통행을 한정하는 등 집하^{集貨}를 위한 'Packstation', 'Tower24', 배출 등급별 도심 진입을 통제하는 등 소음 방지는 이형적인 대책을 뒤섞는 도가니^{Melting Pot}가 아니라 다차원적 샐러드 볼^{Salad Bowl}을 지향해야 한다.

04

속도와 소음

도시지역도로에서 자동차의 평균 운행 속도를 낮추고, 운전자가 속도 변화를 줄여 항상성을 갖고 운전하면 교통소음의 뚜렷한 감소를 기대할 수 있다. 우리나라도 2021년 4월 17일부터 도시지역도로 제한속도를 시속 50km로 표준화하는 정책을 시행하고 있다. OECD 회원국의 대부분은 이미 40년 전부터 도시지역도로를 '안전속도 50'으로 묶었는데, 속도 하향이 가속 행위를 줄여 음압 레벨을 떨어뜨리는 효과가 있기 때문이다.[32] 흥미로운 것은 시속 30㎞ 이상부터 소음이 인지되어 포장 유형 간에 뚜렷한 음압 차가 나타나지만 시속 15㎞ 이하에서는 4~5dB(A) 감소하여 소음이 인지되지 않으며 포장 유형 간에 차이가 없는 것으로 나타났다.[73]

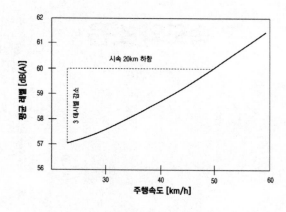

□ 속도 하향과 음압 레벨의 함수 관계

　　시속 50㎞ 이하에서는 급가속 또는 급제동 행위가 줄고 균질적인 속도로 주행한다. 국내에서 적용하는 독일 도로소음 방지지침(RLS-90)[33]에는 시간

---

32)　독일 연방교통부가 1990년에 개정한 도로소음 방지지침(RLS-90)은 국내에서도 현장에 적용되고 있는데, 운행 속도의 변화에 따른 음압 레벨의 변화량을 제시한다.(Richtlinien fuer den Laermschutz an Strassen RLS-90, Bundesminister fuer Verkehr, Abteilung Strassenbau)

33)　Richtlinien fuer den Laermschutz an Strassen

당 100대의 자동차가 통행하고 화물차의 비중이 10%인 구간에서 시속 50㎞에서 30㎞로 하향 시 음압 레벨이 2.6dB(A) 낮아지는 것으로 추정한다.

	회귀 모델	주거 도로 50km/h→30km/h 화물차 0%	집산 도로 50km/h→30km/h 화물차 10%	간선도로 70km/h→50km/h 화물차 10%
감소 효과	RLS-90	2.2dB(A)	2.6dB(A)	2.3dB(A)

□ 도로기능별 속도하향의 소음저감 효과

한편 라이 [Rey, 2013] 는 속도 하향을 통해 타이어 마찰 소음을 3.2dB(A)에서 많게는 5.6dB(A)까지 줄이지만 엔진 소음은 감소 폭이 크지 않다.[150]

50km/h→30km/h	주거지역	간선도로
타이어 마찰 소음(승용차)	−5.5dB(A)	−5.5dB(A)
타이어 마찰 소음(전체)	−3.2dB(A)	−5.6dB(A)
엔진 소음(화물차)	0.4dB(A)	0.4dB(A)
엔진 소음(전체)	−0.5dB(A)	−0.1dB(A)

□ 속도하향에 의한 마찰소음과 엔진소음의 효과 (Rey, 2013)

화물차의 비중이 작을수록 소음 감소 효과는 커질 수 있다. 이는 주거지 제한속도를 30㎞/h로 표준화하는 근거가 되었다. 한국교통안전공단은 상주 교통안전체험교육센터에서 차량의 주행 속도 감소에 따른 환경적 효과로써 소음 변화를 분석하였는데, 차량이 시속 30㎞, 40㎞, 50㎞, 60㎞ 속도 조건에서 소음 측정 지점(차량으로부터 약 3m 지점)을 40회씩 통과시켜 평균음압을 측정하였다. 이때 주행 중인 차량 외 요소 통제를 위하여 실험 차량 한 대 외 다른 차량의 접근을 통제하였다.[19]

단위: dB(A)

구분	30km/h	40km/h	50km/h	60km/h
최대값	72.8	77.6	78.0	83.1
85%	71.4	73.0	75.8	78.8
평균	68.9	71.6	73.6	76.2
중앙값	70.2	71.3	73.0	76.3
15%	64.8	70.4	71.7	73.1
최소값	63.5	63.8	71.0	72.2
표준편차	2.7	1.9	2.0	2.8

□ 주행 속도별 평균소음 실험 결과

시속 30km 조건에서 68.9dB(A), 40km 조건에서 71.6dB(A), 50km 조건에서 73.6dB(A), 60km 조건에서 76.2dB(A)로 각각 나타나 주행 속도가 60km/h이면 「환경정책기본법(법률 제17857호)」에 따른 환경 기준(낮 시간 도로변 '라' 지역 75dB)을 초과하지만, 속도를 10km/h만 낮추어도 환경 기준을 만족시킬 수 있다는 것을 입증하였다.

독일연방환경청(UBA)은 소음 배출을 경감시키는 교통정온화를 위한 설계 가이드를 공표한 바 있는데, 주행 속도를 시속 70km에서 20km 줄이면 3.7dB(A) 감축을 기대할 수 있고, 시속 50km에서 30km로 제한속도를 낮추면 감축 효과는 4.7dB(A)로 주행 속도가 낮아질수록 소음 저감 효과가 커진다.[154]

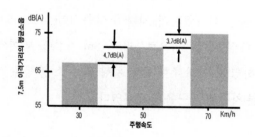

□ 속도 하향과 소음 저감 효과 (Richard/Steven, 2000)

4.1 속도편차, 이격거리

주행 속도가 낮아질수록 차량 간 속도의 편차가 줄어 속도의 균질화가 가능해져 최소한 3.1dB(A) 감소분에 영향을 미친다.[92]

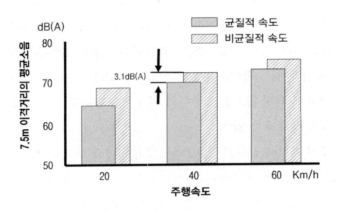

□ 속도 균질성을 통한 소음 저감 효과 (Richard/Steven, 2000)

속도 하향 및 속도의 균질성 외에도 심리적으로 느끼는 소음 절반 감소를 위해 교통량을 절반으로 줄이면 3dB(A) 감축이 가능하나 교통량 절반 감축을 통한 음압 레벨의 변화가 인지될 확률은 높지 않다. 왜냐하면 배경 소음을 상회하는 첨두음의 빈도 변화를 인지하지만 높은 속도 편차가 성가심을 유발하기 때문이다.

교통량 감축은 방음벽에 비해 심리적 소음 감소 효과가 훨씬 크다. 그러나 방음벽의 소음 성가심 개선 효과도 이격 거리가 150m가 넘으면 제로에 가깝다.[99] 화물차 비중의 변화가 낮은 운행 속도 조건에서 상당한 소음 감소 효과를 거둘 수 있는데, 비율이 10%를 넘는 시점부터는 화물차가 교통 소음의 수준을 결정한다. 예컨대 화물차 비율이 20%에서 5%로 경감되면

3.4dB(A) 감소에 기여할 수 있다.[121]

주행 속도가 높을수록 불연속적인 교통류가 소음 전개에 미치는 영향은 지대하다. 시속 40~60㎞를 감안하여 교통류의 연속성을 개선한다면 음압 레벨을 2.5~3.5dB(A) 감축할 수 있다.[154] 평균 속도의 감소뿐만 아니라 교통류의 연속성 여부도 중요한 요인이다. 도로 포장과 제한속도에 변화를 주지 않으면서 주행 속도의 연속성을 통해 얻을 수 있는 소음 저감 효과는 시속 30㎞ 구간에서는 최대 4dB(A), 화물차의 비율이 10%를 초과하는 시속 80㎞ 구간에서는 1dB(A) 감축을 기대할 수 있다.[121] 따라서 유관 대책의 섬세한 조율이 되지 않으면 교통류의 연속성을 확보할 수 없게 되어 소음 감축 효과가 상쇄될 수 있다.

기존 주거 지역에 신도시, 택지, 관광지의 개발 등 재정비 사업이나 물류망 등 신규 개발 사업에 의해 교통망이 확장되면 소음 침해 가능성이 높아진다. 주거지가 차도와 지리적으로 가깝게 위치한다는 사실만으로는 소음 민원의 적격성을 판단할 수 없다. 소음원 간 이격 거리가 클수록 음압 레벨은 경감한다. 주거지와 차도 간 이격 거리의 확대를 통해 얻는 소음 저감 효과는 교통정온화 설계만큼 민원을 달래지는 못한다. 그러나 이격 거리를 통해 생긴 공간을 근린공원 등 녹지대로 전환함으로써 음압 레벨에는 큰 변화가 없더라도 주민의 스트레스를 줄이는 효과는 있다.

소음원과 소음 침해 지역 간 이격 거리를 배로 늘리면 음압 레벨은 3dB(A) 감소한다. 예컨대 차도와 공동주택 간 이격 거리를 10m에서 15m로 확대하면 음압 레벨은 1.5dB(A) 줄어든다.[153] 이와 같이 '상당한 성가심'을 방지하기 위한 노력의 과정에서 도로와 공동주택의 이격 거리에 대한 기준이 마련되었다. 예컨대 차도 중앙에서 도로변 공동주택 정면의 이격 거리가 절반으로 줄면 소음이 3dB(A) 증가한다. 반면 이격 거리를 4배 늘리면 최대 7dB(A) 소음 저감 효과를 기대할 수 있다. 음향적 고요를 누리기 위해서는 거리가 필요한 것이다.

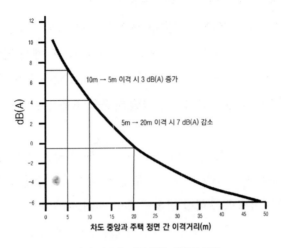

□ 이격 거리에 따른 음압 레벨의 변화

교통소음에 영향을 미치는 도로 교통 요인은 속도 및 이격 거리 외에도 경사각, 소음원의 높이, 횡단 경사, 종단 경사, 곡선 반경, 제한속도, 실제 속도, 속도 편차, 교차로 유형 등 다양하다. 특히 차도의 경사각에 따라 같은 주행 속도 조건에서도 소음 특성이 달라질 수 있기에 경사각에 대해서 소음 할증을 고려할 필요가 있다. 아래는 차도 경사각에 대한 소음할증 D값를 나타낸다.

차도 경사각 [단위: %]	D값 [단위: dB(A)]	차도 경사각 [단위: %]	D값 [단위: dB(A)]
≤ 5	0	8	1.8
6	0.6	9	2.4
7	1.2	10	3.0
1% 증가 시 추가	0.6	1% 증가 시 추가	0.6

□ 차도 경사각에 대한 소음할증 기준 (Strick, 2006)

4.2 용량-반응, 시각적 크기

교통량이 배로 늘면 3dB(A) 높아져 소음을 성가시게 느끼는 인구가 증가한다. 속도는 도로 폭원의 로그값이 커질수록 높아지고 소음 민감도는 교통량의 로그값이 커질수록 증가한다. 주거지가 소음원에서 멀어질수록 소음 성가심이 줄어들지만 음압 레벨이 상대적으로 낮은 국도변, 또는 우회도로변 공동주택 주민은 통과하는 개별 차량의 소음을 훨씬 성가시게 느낄 수 있다.

도심을 통과하는 승용차는 화물차보다 14dB(A) 낮은 편이다. 달리 말하면 한 대의 화물차가 시속 50km/h로 주행 시 발생하는 음압 레벨은 19대의 승용차가 같은 속도로 주행할 경우의 음압 레벨과 맞먹는다. 7.5톤 이상 허용 중량 화물차는 소음 배출에 상당한 영향을 미칠 수 있기에 소음 지도 작성 시 화물차의 중량을 고려해야 민원 규모와 개선 시 기대되는 감축 효과에 대한 정확한 진단을 내릴 수 있다.

소음 방지 효과 추정을 위해서 화물차 비중에 대한 교통 조사는 필수적이다. 예컨대 3.5톤 이하, 3.5~7.5톤, 7.5톤 이상으로 구분하여 소음 감축 규모를 추정하여야 한다.

고속 국도변 공동주택의 이격 거리가 25m인 경우 화물차의 비중을 15%로 줄이면 평일은 0.5dB(A), 휴일은 1dB(A) 감축 효과를 기대할 수 있다. 지방부도로의 경우 같은 이격 거리에서 화물차의 비중을 9% 줄이면 평일은 1.2dB(A), 휴일은 2.4dB(A) 감축 효과가 있다. 도시부도로의 경우 동일 조건에서 평일과 휴일의 구분이 없이 3dB(A) 줄일 수 있다.

아래의 그래프는 화물차의 비율 변화에 따른 소음 감축 기대 효과를 표현한 것이다.[121]

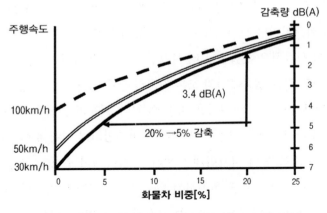

주행속도

100km/h

50km/h
30km/h

화물차 비중[%]

감축량 dB(A)

3.4 dB(A)

20% →5% 감축

□ 화물 교통량 감축을 통한 소음 저감 효과 (Losert 등, 1994)

제한속도 30㎞/h 구간에서 화물차의 비중을 20%에서 5%로 줄이면 음압
레벨을 3.4dB(A) 감축할 수 있다. 이러한 효과는 제한속도가 높으면 경미하
게 나타날 수 있다.

화물차의 비중을 60%에서 20%로 줄이면 음압 레벨을 2.1dB(A) 감축할
수 있다. 그런데 화물차 통행량이 늘어날수록 소음 성가심이 커지다가 일
정 규모, 예컨대 일 평균 1천 대를 넘어가는 시점부터는 소음 성가심이 증
가 행동을 멈추고 오히려 개별 차량의 최대 소음이 소음 성가심의 한계치
를 끌어올릴 수 있다. 이를 '용량-반응' 이론이라 일컫는데, 자동차 교통의
이벤트 수와 개별 차량의 최대 레벨을 구분할 것을 요구한다. 왜냐하면 등
가소음도 ^{Leq} 나 주야간 평균 소음(LDN) 또는 소음 공해 레벨(NPL) 등은 개
별 차량(배기 소음기 미장착 자동차) 이벤트 소음을 측정하는 데에 한계가
있기 때문이다. 고속국도와 도시부도로의 '용량-반응' 함수는 다르기에 고
속국도 소음이 도시부도로 소음과 비교하여 음압 레벨이 같더라도 소음 성
가심은 훨씬 클 수 있다.[99] 3dB(A) 줄이려면 교통량을 절반으로 떨어뜨려
야 주민이 소음 부하의 경감을 피부로 느낄 수 있다. 음압 레벨을 50% 감축

하는 것은 간선도로의 주야간 10dB(A) 레벨 차에 버금가는 것으로 교통량을 90% 우회시키거나 재배치해야 도달 가능한 목표다.

소음원이 시각적으로 클수록 더 시끄럽게 느낄 수 있다. 포터, 봉고, 또는 라보롱카고와 같은 경화물차와 25톤 카고와 같은 대형 트럭의 시각적 크기 또한 소음 인지에 상당한 영향을 미칠 수 있다. 화물차 소음을 피험자에게 들려주면서 경화물차, 중화물차 사진을 보여주었더니 시각적 이미지가 클수록 화물차 소음을 더 시끄럽게 느끼는 것으로 나타났다.[85] 공동주택 창문에서 내다보이는 도로를 통행하는 화물차의 빈도뿐만 아니라 화물차의 시각적 크기도 소음 민원을 유발하는 요소가 될 수 있는 것이다.[177]

인간은 눈으로 본 것을 토대로 소음 피해를 가늠하기에 최근에 전기로 구동되는 화물차나 수소 화물차가 등장하는 것을 염두에 두고, 향후 저소음 화물차 인증 표식을 만들어 시각적 소음 효과를 상쇄할 수 있지 않을까 기대한다. 그밖에 야간 시간대 주거 지역 또는 보호가 필요한 취약 시설을 통과하는 화물차에 대해서 시간 또는 구간 단위로 통행 제한을 두거나 금지하는 방안도 소음 방지책으로 다룰 필요가 있다.

4.3 교차로

도심에서 시속 50㎞로 주행하는 차량은 시속 30㎞ 주행 차량보다 많게는 7dB(A) 높은 소음을 유발한다. 시속 50㎞ 주행 시 지정체 여부에 따라 2.4dB(A) 음압 차가 발생하며, 시속 30㎞ 주행 조건에서 무정차 통과와 가다 서다 반복하는 속도 패턴이 4dB(A) 음압 레벨을 높일 수 있다. 저속 조건에서 주행의 불연속성이 고속 조건보다 훨씬 높은 소음을 유발하기에 교통류의 연속성 확보는 교통의 효율성뿐만 아니라 교통소음 저감을 동시에 꾀하는 대책이다. 신호기로 운영되는 교차로나 진출입부에 위치한 주택은 소음 피해의 확률이 높은데, 가다 서다 반복하면서 발생하는 엔진 소음과 황색 점등 시 대기 시간을 줄이려는 운전자의 가속 행동에 의한 타이어 마찰 소음이 단일로에 비해 가중될 여지가 있다. 물론 교차로의 교통 운영 방식이 소음 특성에 어떠한 변화를 미치는지 검증된 바가 없으나 3dB(A) 교차로 할증 Junctin Bonus 을 고려할 것을 권한다. 주택 침실이 신호교차로와 마주한다면 최대 20dB(A) 가중치를 고려해야 한다. 아래 표는 신호교차로와 신호기 운영 진출입로의 소음할증 K값 기준이다.[179]

주택과 신호교차로 이격 거리	K값 [단위: dB(A)]
40m 이하	3
40~70m	2
70~100m	1

□ 신호교차로 소음할증 기준 (Strick, 2006)

표준 회전교차로(직경 32~34m)는 차량의 접근 속도와 통과 속도를 억제하는 강력한 설계 기법으로 신호교차로와 비교하여 대기 시간이 적고 교통류의 저속화와 연속성을 보장할 수 있다. 신호교차로의 경우 신호기 설치 및 유지 보수에 따른 비용 부담이 크지만 회전교차로는 초기 설치비도 높지 않고 유지 보수 비용이 거의 들지 않는다는 장점이 있다. 반면에 보행자의 관점에서 보면, 특히 버스 정류장에 접근하고자 하는 경우 보행 경로가 더 길어지기에 보행 편의성이 낮다. 신호교차로와 달리 교통류 운영보다 상충 심도를 낮추는 것이 핵심 목표인데, 특정한 주행 방향의 교통량이 증가하는 경우 지정체를 유발할 수 있다. 그럼에도 불구하고 회전교차로는 도로 공간의 가치를 높여주고 도시 공간의 방향성, 즉 보행자 중심을 표방하는 관문을 상징한다. 교차지점의 수와 밀도, 상충 횟수, 상충 유형을 고려하여 횡단면을 설계해야 소음 저감 효과를 얻을 수 있다. 승용차-승용차 상충보다 승용차-화물차 상충 횟수가 크다면 상충 횟수를 제한하는 초커, 보행섬, 주행 속도를 억제하는 시케인 등 맞춤형 소음 방지책을 강구하여야 한다.

4.4 교통류의 저속화와 연속성

통과 교통량 감축, 화물차 비중 축소, 운행 속도 감축, 이 세 가지를 함께 설계해야 '느리고 균질적이고 조용한 교통'을 보장할 수 있다. 교통량 감축은 차량이 많으면 음압 레벨이 높고, 적으면 낮고, 없으면 소음도 없는 명쾌한 논리를 제시한다. 주행 속도 감축은 속도 편차가 적고, 즉 속도가 균질적이고 느리게 운행하면 조용해진다는 명제에 기반한다. 제한속도를 시속 50km에서 30km로 낮추기 위한 교통정온화 설계는 음압 레벨을 2~3dB(A) 떨어뜨리는 효과를 보장한다. 교통정온화 설계는 교통류를 느리게 하여 교통 안전성을 높이는 측면 외에도 운전 태도의 동질성 내지는 주행 속도의 균질성을 유발하여 음 환경을 개선하는 일석이조의 효과를 제공한다. 그러나 화물차가 유발하는 소음은 제한속도가 낮은 구간에서 승용차가 유발하는 소음과 비교하여 증가하는 경향이 있다. 따라서 교통정온화 설계를 통해 통과 속도를 낮추는 방안은 화물차의 소음 문제를 오히려 가중할 수 있고, 화물차 통과 금지와 같은 추가적인 행정 조치의 병행을 요구한다. 이는 간선도로를 교통정온화 재설계 시 고려해야 하는 사안이기도 하다.

화물차 비중이 높은 도로는 소음 분산을 위한 우회로를 확보하지 못하는한 야간 통행 금지가 소음 민원을 줄이는 가장 효과적인 대책이다. 허용 중량 7.5톤 이상 화물차에 한해 통행을 제한하거나 특정 시간대 통과 금지와 같은 행정 조치는 소음 방지 계획에 포함되어야 한다. 자동차의 타이어 소음, 구동 엔진 소음과 통과 소음 간 연관성을 고려하여 제한속도의 시간적 제한, 예컨대 야간 시간대 제한속도를 낮추면 균질적인 유속이 형성되어 최대 음압을 줄일 수 있다.

주거·상업 지역의 소음 방지는 폭원과 선형 등의 도로 형상과 연장을 어떻게 설계하는지가 관건이다. 국도가 관통하는 마을은 구조적인 소음 테러를 당하는 소음 슬럼가다. 전통적 여건에 적응된 횡단면을 고려한다면 통과 구간의 최대 허용 속도 50km/h 구현은 용이하지 않다. 마을주민보호구간 진출입부에 폭원 축소와 물방울섬 Drop Isle 을 설치하여 진입 속도를 낮추고(50km/h), 마을주민이 선호하는 횡단 지점에 보행섬을 설치하고(30km/h), (무)신호교차로를 회전교차로로 전환하고, 화물차 비중이 15%를 초과하면 추월 금지 구간을 지정하는 등 속도 억제 대책을 강구해야 한다. 도로교통 설계사는 마을 구조의 역사성을 보존할 수 있는 방향으로 설계해야 한다. 왜냐하면 설계가 자연스러울수록 통과 차량 운전자의 거부감이 크지 않고 속도 저감 대책에 순응할 수 있기 때문이다. 도로 설계와 소음 방지 계획 간 요구사항이 조화를 이루어야 소음 방지 효과를 극대화할 수 있다.

자동차가 중심이 아니고 보행자와 자전거가 공유하는 차도라는 메시지를 운전자에게 명확하게 전달할 수 있도록 마을주민보호구간을 따라 벤치, 화분, 자전거 거치대, 파크렛 Parklet , 조형물, 분수대, 조명 등을 설치하는 것을 스트리트 퍼니처 Street Furniture 라 한다.

학교, 요양원, 병원 등 민감한 사회 시설 부근의 교통정온화를 위해 능동적 속도 및 데시벨 정보 장치 Dialog Display 를 설치하여 소음 기준치를 초과하는 통과 차량에 대해 속도 감축을 유도하는 방안은 교통안전 대책이자 소음

방지책으로 권장할 만하다.[167]

승용차의 통행량을 줄이려면 주중에 특정한 날을 자동차 없는 날로 지정하거나 직장 주차 징수 Workplace Parking Levy(약칭 WPL) 하여 승용차를 포기한 직원에 복리후생비로 지급하거나 보행, 자전거, PM, 통근을 유도하여 저소음 교통문화에 대한 사회적 공감대를 형성하는 노력이 필요하다.[13] 자동차의 매연, 분진 등이 폐 질환, 심장질환, 호흡기 질환을 일으키기에 자동차 환경 검사를 강화하고 있으나 자동차 통행이 유발하는 도로 (재)비산 먼지에 포함된 자철광 Magnetite 이 치매를 유발한다는 사실은 최근에 알려지기 시작하였다. 저속을 통한 저소음 환경은 건강과 직결된다는 인식의 저변을 넓히고 '느린 가로 Slow Street', '15분 도시 15 Minute City 34)' 등 자가용에서 녹색수단으로의 체질 개선은 저소음 고안전 도시로 향하는 통과 의례다.

---

34) 도로 거리 수용도 이론은 도보 시간 1분과 자동차 승차 시간 1분을 동일하게 인시하지만 도보 시간이 6분이 넘으면 승차 시간보다 3~4배 길게 느낀다는 것이다.(크노플라허, 2010)

05
교통안전과 소음 방지

5.1 제한속도

1800년 말 벤츠 자동차가 처음 등장하면서 도시부도로 제한속도(20km/h) 개념이 도입되었다. 예나 지금이나 교통사고의 주요 쟁점 중 하나가 제한속도에 대한 적정성이다.

교통사고는 강자와 약자의 구도에서 바라보면 항상 위험성을 내포한다. 가장 생명의 위협을 받는 대상은 보행자, 노인, 자전거 등 교통 약자이다. 최근에는 전동 휠체어, 전동 킥보드, ATV(전지형 차) 등 약자의 범위가 확대되는 추세이다.

시속 10km로 달리다 상충할 때 충격량과 급정지 시 제동 거리에 대한 강자의 이해 수준에 따라 속도 행동이 달라진다. 독일은 이미 1957년에 도시부도로 제한속도를 50km/h로 표준화하였다. 그러나 제한속도 규정이 잘 지켜지지 않았고 환경 오염을 줄이는 효과가 크지 않다는 경험이 쌓이면서 제한속도를 50km/h에서 30km/h로 줄이는 노력을 해오고 있다. 왜냐하면 통행하는 자동차가 느리면 느릴수록 조용하고 안전하며 청정해지기 때문이다. 30km/h 준수 시 교통소음은 3~4dB 감소하고 교통사고의 심도, 즉 중대한 인명 사고는 발생하지 않고 자동차 배출 가스의 70~80% 감축을 유도하여 오염 물질의 농도를 낮출 수 있다.

2017년 기준 인구 10만 명당 보행 중 사망자 수에 있어 경제협력개발기구OECD 회원국 평균은 1.0명인 반면 우리나라는 3.3명으로 최하위권에 머물러 있다. 전체 교통사고 사망자 중 보행자가 차지하는 비율은 그 나라의 인권 수준을 가늠하는 잣대이기에 우리나라의 보행자 사망 사고의 비중 39%는 OECD 회원국 중 꼴찌이자 세계 하위 10위(우간다와 동급)에 위치하여 대외 이미지 쇄신의 시급성을 요구한다.

교통 문명의 관점에서 보행자는 단지 '교통사고의 원료'에 불과하다.[17] 이에 「국토의 계획 및 이용에 관한 법률(법률 제17898호)」(약칭 국계법)에 의거한 도시지역도로 '안전속도 5030' 정책이 「도로교통법 시행규칙(행정안전부령 제236호)」 개정으로 2021년 4월 17일부터 전국적으로 시행하고 있다. 도시 지역 일반 도로의 제한속도를 시속 50㎞로, 주택가 등 이면 도로는 시속 30㎞ 이하로 제한속도를 하향 조정하는 것이다. 한국교통안전공단에서 시행한 보행자 충돌 실험을 보면 시속 60㎞ 충돌 시 중상 가능성이 92.6%이나 시속 50㎞로 낮추면 72.7%, 시속 30㎞로 더 낮추면 중상 가능성이 15.4%로 크게 낮아졌다.[이투데이, 2021. 1. 11.] 시속 60㎞ 차량에 충돌하면 6층에서 낙하하는 효과, 30km/h 차량이면 2층에서 뛰어내리는 효과와 비슷하다.

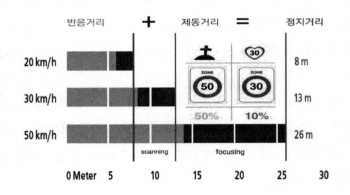

□ 주행 속도와 시정지 거리 및 치사율의 관계

유럽교통안전위원회 European Transport Safety Council 은 도로 교통 사망 사고의 33%는 과속이나 부적정 속도에 기인하고, 모든 운전자가 속도를 1% 줄이면 사망 사고를 4% 감축할 수 있고, 평균 차속을 10% 낮추면 사망사고는 30% 감소 효과를 기대할 수 있다고 하였다.[138] 주행 속도 50km/h 조건에서 반응 거리는 13.9m이고 제동 거리는 13.8m이므로 시정지 거리는 27.7m이기에 보행자가 15m 거리에서 횡단한다면 사망에 이르지만 주행 속도 30km/h로 달리면 반응 거리는 8.3m, 제동 거리는 5m로 시정지 거리는 13.3m이기에 적어도 치명적인 손상을 피할 수 있다. 주행 속도가 감소할수록 제동 거리는 감소하는 경향이 있으며 젖은 도로의 경우 제동 거리가 건조한 도로에 비해 높다.

건조한 도로에서는 60km/h에서 50km/h로 감소 시 정지거리가 34.38m에서 26.19m로 8.2m 감소하고, 40km/h에서 30km/h로 감소 시 정지거리가 6.2m 감소한다. 젖은 도로에서는 60km/h에서 50km/h로 감소 시 정지거리가 52.10m에서 38.49m로 13.6m, 40km/h에서 30km/h로 감소 시 정지거리가 9.7m 감소한다.[76]

주행 속도가 5% 증가 시 교통사고 발생률은 5%, 부상 및 중상 사고 발생률은 10%, 사망 발생률은 20% 각각 높아진다. 주행 속도를 60km/h에서 50km/h로 낮추면 보행자 중상 가능성은 절반 이상 줄고, 40km에서 30km/h로 하향하면 보행자와 운전자 모두 중상 가능성이 5% 미만으로 낮아진다.[53] 주행 속도를 60km/h에서 50km/h로 낮추면 보행자 사망률은 20%에서 8%로 감소하고 30km/h까지 하향하면 사망 가능성은 1% 미만이다.[157] 주행 속도가 60km/h이면 65세 이상 고령자의 사망률이 30%이고 85세 이상 고령자 사망률은 50%이다.[96]

우리나라는 안전사고 예방 및 재난 안전 관리의 국가 책임 체계 구축의 일환으로 자동차 소통 중심의 도로 통행 체계를 보행 교통 중심으로 전환하여 2022년까지 교통사고 사망자 수를 2,000명대로 낮추는 '국민 생명 지

키기 프로젝트'를 추진해오고 있다.[35]

 '안전속도 5030' 정책 시행 전후 1년간 보행자 교통사고 변화를 보면, 서울 종로(세종대로 사거리–홍인지문 교차로)는 사망자가 66.7% 감소했고 부산 영도섬은 보행 사고 제로를 달성했다.[파이낸셜뉴스, 2020.12.31.] 동 기간 전국 68개 지역에서 사망자 수 63.6%, 치사율은 58.3% 감축 성과를 거두었다.[이투데이, 2021. 1. 11.] 전세계 95개 국가가 도시지역도로 제한속도를 50㎞/h 이하로 제정하였고 평가 기준을 만족하는 국가의 비율은 고소득 국가일수록 높다.[200]

5.2 도시의 변천

 지속가능교통법에는 지자체장이 신청하여 국토교통부 장관이 지정하는 녹색교통관리지역이 있고, 지속 가능성 기준을 미달하면 특별대책지역으로 지정하는 녹색교통개선지역이 있다. 이 두 가지는 녹색 교통 및 지속 가능 도시의 설계를 촉진하는 법적 근거이다. 그러나 현실은 신도시, 뉴타운 등 도시지역도로를 국도 수준으로 설계하는 관행에서 벗어나지 못하고 있다. 과도한 폭원과 신호기, 무단횡단 금지 시설, 방호 울타리, 높은 연석 단차는 주행 속도를 높이고 차도가 자동차 소통을 위한 절대 공간임을 각인시키는 장치로 작동한다. 또한 소음 민원은 교통 문명의 혜택을 누리기 위해 감내해야 하는 희생으로 치부된다. 자동차의 주행 속도와 통행 시간의 중시는 도시와 도시 간의 거리를 단축하는 도로의 연장으로 이어지고 교통 공간은 자동차에 의해 잠식되어 가고 있다.

---

35) 국민 생명 지키기 3대 프로젝트, 자살 30%, 산재 사망 50%, 교통 사망 50% 감축을 목표로 하고 있다.

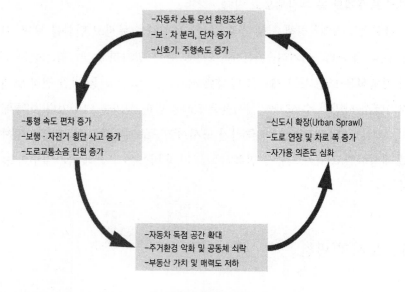

□ 교통소음 민원 발생 기제

　도시의 변천사는 도시지역도로에서 자동차의 통행을 억제하거나 퇴출하려는 인간 투쟁의 역사다. 세계 대전 후 자가용의 대중화 물결에 힘입어 사회 구조의 변화로 빠르고 쾌적한 교통망을 구축하는 것에 혈안이 되었고(자동차 도로가 증가하면 다른 교통수단을 위한 도로는 감소하여 전체 도로 수는 변하지 않음에도) 그 과정에서 소음과 매연 배출 문제가 불거지면서 자동차 문명에 대한 성찰이 시작되었다. 그리고 대중교통 중심 도시에서 점차 보행자 통행 우선권을 중시하는 도로 설계의 원칙이 80년대에 정착되기 시작하였다. 이때 교통정온화 구역에 대한 다양한 실험이 이루어졌다. 점차 소음과 매연의 배출 문제는 기초적인 교통수단의 활성도가 관건이고, 자동차의 통행을 도심에서 최대한 억제하기 위한 녹지대의 확대와 인간이 배출하는 소음 쓰레기가 동물 생태에도 부정적인 영향을 미친다는 인식이 형성되면서 인간과 동물의 종 평등을 지향하는 생태 도시로 진화하고 있다.

　우리나라는 여전히 자동차 중심 도시와 보행 중심 도시의 경계선에 머물러 있으나 오랜 세월 자동차 바이러스에 감염된 기득권층은 '보행자 없는 도로보다 자동차 없는 도로'를 만드는 것에 거부감을 갖고 있다. 인간의 두뇌는 교통 기술의 발전이 초래한 해악에 대한 책임을 질 만큼 성장하지 못했다.

	자동차중심 도시설계	교통중심 도시설계	보행자중심 도시설계	녹색교통 도시설계	지속가능 도시설계
시기	50년~60년 (유럽) 60년~ (국내)	60년~70년 (유럽) 70년~21년 (국내)	70년~80년 (유럽) 21년(국내)	80년~90년 (유럽) 09년~ (국내)	90년~ (유럽) 09년~ (국내)
목표	빠르고 쾌적한 자가용 승용차의 원활한 통행	자동차의 폭발적인 증가와 함께 자동차문명의 혜택에 대한 비판의식 등장	자동차의 통행량 억제를 통해 자동차 매연 및 도로교통 소음 의 환경오염 저 감과 보행횡단 사고 감축	사회경제적 계층 소외를 해소하고 안전하고 건강한 지역공동체 활성화	현 세대의 자원 남용 억제 및 환경 부담을 통해 후속 세대의 지속가능 미래 보장
특징	자동차 매연 및 도로교통소음의 환경 공해와 삶 의 질 하락으로 자동차 중심 도 시의 이미지 하 락	환경단체의 정치적 압박과 대중교통 인프라에 대한 투자 우선순위 요구 증대	보행자 없는 도로보다 자동차 없는 도로, 보도 및 자전거 도로 우선 설계 원칙 도입	녹지대 비율을 높이고 교통정온화 용도변경을 통해 도시재생 다각화	생태학적, 경제적 균형발전과 사회경제적 지속가능 도시 지향

▫ 유럽연합과 우리나라의 도시설계 변천사 비교

　유럽환경연합 Klimabuendnis Europa 은 거주자 1만 명 이하 마을을 대상으로 27개 유럽국의 1,730개 도시가 참여하여 정례적으로 보행자 중심 녹색도시 경진 대회를 개최하고 있다. 심사위원단은 유럽환경연합 사무국이 위치한 국가 (독일, 이탈리아, 룩셈부르크, 오스트리아, 스위스, 헝가리) 대표자로 구성하여 연례 회의에서 시상하는데, 선정 기준은 지속 가능성, 확장성, 언론 영향력, 혁신성, 주민 적극성, 주민의 개인적인 경험 기여도, 성공 요소 및 도전 사항, 그리고 동기 요인(추진 사유)이다.

독일 연방교통부는 도시·마을 우수 설계 경진대회를 통해 보행자 중심 도로 설계 성공 모델 발굴 및 보급을 추진하는데, 거주자 1만 명 이상 도시를 대상으로 심사위원단(연방교통부, ADAC, 도시마을협회, 독일교통안전위원회DVR, 도로포장협회 전문가 등)이 평가하며 매년 5개 우수 도시를 선정하고 견학 기회를 제공한다.

평가 기준은 도로 설계가 혁신적이고 비용 효율적인가, 현장 적용이 용이하고 타 도시에 적용이 가능한가, 도로 설계의 효과를 검증할 수 있는가, 도로 설계의 비용 편익 비율과 재원 조달이 가능한가, 주민과 도로 이용자의 민원은 없는가이다.

2019년에 보행자 사망 사고 제로 도시로 선정된 헬싱키와 오슬로는 유럽연합 'Valletta 선언'(2030년 교통사고 사망 · 중상 50% 감축)을 이행하기 위해 도시 전체를 시속 30km로 표준화하였고 보행섬을 대대적으로 확대하였으며, 신호기를 없애고 회전교차로로 대체하여 목표를 달성하였다.(wort. lu, zvw.de) 오스트리아 교통클럽 VCÖ 은 교통정온화 구역, 30구역 확대로 사망자 90% 감축 성과를 얻었고, 보행자와 자전거의 희망 동선을 반영하여 횡단 지점을 설계하는 한편, 차도가 자동차만을 위한 공간이 아님을 알리는 사회 문화 시설(벤치, 화분 등) 디자인으로 가로를 형상화하여 안전과 소음의 두 마리 토끼를 잡는 데에 성공하였다.[209] 속도를 억제하는 것이 소음 공해를 줄일 수 있는 효과적인 방법이다.

유럽도시설계연합은 교통 설계 경진대회를 통해 보행자 중심 도로 설계 문화를 촉진하고 성공 모델을 발굴하여 보급하고 있다. 평가 기준은 설계의 복잡성, 혁신성, 조율 협력이고, 2016년 우수작으로 선정된 '루더스베르크 ^{Rudersberg}'는 '불안전을 통한 안전' 설계 원칙을 구현한 성공 사례로 알려져
있다. 성과는 65세 이상 노인 보행자 사고율이 33%→15%, 교통량이 11,400
대/일→7,700대/일, 화물차 통행량이 6.8%→3.9%, 교통소음이 4dB(A) 감
소한 것으로 나타났다.[210]

바르셀로나 'Superblocks'은 자가용 통과 교통을 제한하고 단속과 처벌보
다 녹지대 비율로 공공 유휴 부지 주거 품질을 향상한 교통정온화 성공 모
델이다. 보행 사망자 300명 감소, 주민 기대 수명 200일 증가, 소매상 30%
매출 증가, 자동차 통행량 60% 감소, 자가용 이용 횟수 80% 감소, 매연 23%
감소 효과를 거두었다.

□ 바르셀로나 Superblocks (김기용 박사 제공)

자가용 통과 교통을 제한하고 녹지대 비율로 공공 유휴 부지 주거 품질을
향상한 성공 사례로 스위스 쾨니츠 ^{Köniz} 시의 ^{Sonnenweg} 교통정온화는 보행자
부상 사고 40%, 교통소음 2.2dB, 매연 30% 감소 효과를 보였다.

5.3 속도는 과소평가, 거리는 과대평가

공동주택 단지나 어린이 보호구역에서 어린이 교통 사망사고가 심심찮게 발생하는데, 어린이의 음향적 인지 행동에 대한 이해가 필요하다. 왜냐하면 어린이는 어른과 달리 접근하는 차량의 소음을 제때 인지하지 못하기 때문이다. 특히 5세 어린이는 자동차가 지나가거나 후진하는 소리는 탐지할 수 있지만 접근 차량을 인식하는 능력이 가장 취약하다.[143] 따라서 어린이에게 이론 교육이나 체험 훈련 등을 강구할 것이 아니라 어린이의 음향 인지 능력을 고려하여 언제든지 횡단할 수 있는 보행 환경을 만들어주고(차도가 자동차를 위한 도로라는 시그널을 운전자에게 제공하는 신호기, 펜스, 무단횡단 금지 시설은 지양하고) 어린이가 자주 다니는 구간은 시속 15~20㎞를 초과하지 않는 교통정온화 설계가 안전 정책의 방향이 되어야 한다. 마찬가지로 보행 횡단이 매우 취약한 노인도 자동차 주행 속도가 높을수록 횡단 판단 능력이 저하되기에 언제든 자유롭게 횡단할 수 있는 횡단 환경을 만들어야 한다.

한국교통안전공단에서 흥미로운 실험[19]을 수행하였는데, 주행 속도 조건에서 접근 차량을 보고 횡단이 어렵다고 판단한 시점에서의 보행자와 차량 간 거리를 측정한 결과, 60세 이하 비고령자는 횡단보도로부터 66.49m의 거리에서 차량이 접근하였을 때 횡단이 불가능하다고 판단한 반면, 60세 이상 고령자는 53.32m까지 차량이 접근하였을 때 횡단이 불가능하다고 판단하였다.

국토교통부「도로의 구조·시설 기준에 관한 규칙(약칭 도구시)」제2조에 '정지 시거'를 '운전자가 같은 차로 위에 있는 장애물을 인지하고 안전하게 정지하기 위하여 필요한 거리'로 정의한다. 운전자의 정지 거리는 공주 거리[36](운전자가 전방의 장애물을 인지하고 판단하여 브레이크를 작동시키기까지의 주행 거리)와 제동거리(운전자가 브레이크를 밟기 시작하여 자동차가 정지하기까지의 거리)의 합으로 계산한다. 「도로교통법(법률 제17891호)」 제19조는 앞차가 갑자기 정지하게 되는 경우 앞차와의 충돌을 피할 수 있는 안전거리를 확보해야 한다고 규정한다. 모든 운전자는 '보행자 보호 의무'를 가지며 보행자의 옆을 지날 때 안전한 거리를 두고 서행하고 전방에서 보행자가 횡단하면 보행자가 안전하게 횡단할 수 있도록 안전한 거리를 두고 일시 정지해야 한다고 명시하고 있다.

교통소음을 원천적으로 방지하기 어려운 경우에 제한속도를 하향하는 소음 통제 대책에 대한 사회적 수용도가 높아질 것으로 기대한다. 국내는 제한속도에 대해 공학적 및 정책적 판단 기준으로 구분하는데, 공학적 판단 기준은 편도 차로 수, 교차로 간격, 횡단보도 개수, 중앙분리대 유무, 무단횡단 금지 시설 유무, 속도 저감 시설 유무, 85백분위 속도를 고려하는 반면, 정책적 판단 기준은 시가화 수준, 보호구역/통학로 유무, 속도 편차(±20km/h) 초과 여부, 교통사고 누적 구간 여부, 노상주차 설치 구간 등을 추가로 검토한다.[3]

반면 교통안전 선진국은 토지 용도의 변경을 우선시하는데, 예컨대 교통망에서 속도 하향 도로의 지배적인 기능(체류>교통류), 대중교통의 통행 빈도와 운행 속도, 도로 공간의 구조(연장)와 관련하여 승용차의 예상되는 주

---

36) 공주거리와 제동거리

공주거리 수식

$$d_1 = v \cdot t = \frac{V}{3.6} t$$

d_1 : 반응시간동안의 주행거리
v, V : 주행속도$(m/\sec, km/h)$
t : 반응시간(2.5초)

제동거리 수식

$$d_2 = \frac{v^2}{2gf} = \frac{V^2}{254f}$$

v, V^2 : 주행속도$(m/\sec, km/h)$
g : 중력가속도$(m/\sec^2)$
f : 노면과타이어간종방향미끄럼마찰

행 속도, 노상 주차면 수요 특성(장기/단기주차), 배송 차량의 용도와 통행 빈도, 보행/자전거의 특성과 횡단 빈도, 레저/체류의 특성과 시간적 분포를 고려하여 간선도로의 속도 하향을 결정한다. 따라서 교통 분리가 아니라 교통 융합의 관점에서 도로 이용자 간 속도 편차를 최소화하는 것이 속도 하향 철학이다. 제한속도 50㎞/h는 도심 내 이동의 효율성 측면에서 중요한 기준점이고, 60㎞/h에서 50㎞/h로 낮춰도 평균 지체, 정지 횟수 및 평균 속도 변화를 유발하지 않는다.

제한속도의 감소율 대비 구간 통행 속도 감소는 크게 나타나지 않는데, 제한속도를 낮추면 차량 간격이 감소하고 이는 도로 용량을 증가시켜 교통 혼잡도를 완화하는 효과를 내기 때문이다.[180]

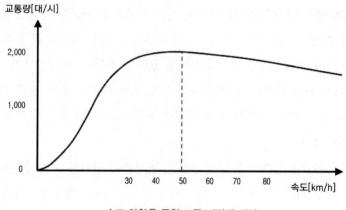

□ 속도 하향을 통한 교통 지정체 개선

과속 내지는 부적정 속도에 의한 교통사고는 교통안전의 문제를 넘어 사고 유발자의 운행 동기를 고려하면 사회 문제이기도 하다. 경찰의 단속은 만병통치약이 아니고 지속적인 도로 시설의 최적화, 속도 문제에 대한 사회적 의식 개선, 강제적 속도 억제 시설 확대, 강력한 처벌과 행정 처분이 병행되어야 저소음 고안전 도시를 구현할 수 있다.

5.4 저소음 고안전 도로

저소음 고안전 도로란 교통 행위와 사회적 행위의 융합이 가능한 도시 설계를 통해 사회적 교통 공간을 조성하고 재생하며, 신체적 활동을 촉진하는 교통수단이다. 이것은 모든 형태의 이동 목적(통근, 통학, 방문, 레저, 서비스, 쇼핑 등)을 가능케 하고 능동적 이동을 보장하며 미세먼지, 교통소음, 교통사고 등에 대한 사회적 수용성을 충족하는 도로를 말한다. 이를 위해 기존 도로에 대한 고착된 이동 습관이나 사회문화적 가치 위계(지정체 해소가 안전보다 우선)에 대한 사회적 성찰이 선행되어야 한다. 교통안전을 강조할수록 보행, 자전거, PM, 또는 대중교통의 이용을 단념하게 만들고 자가용 이용률을 높이는 딜레마에 빠질 수 있다. 빠르고 쾌적한 교통류를 강조하는 고속도로 수준의 도시지역도로의 건설과 운영은 저소음 고안전 도로와 의미론적으로 부합하지 않는다. 저소음 고안전 도로는 자동차 교통의 지배적인 위상을 지시하는 denotative '빠르고 쾌적한 도로'의 개념과 차별화되며, 도로 이용자 중 가장 안전에 민감하고 충돌에 취약한 위치에 있는 교통약자(약칭 VRUs)의 통행 우선권과 건강권을 보장하는 것이어야 한다. 능동적 이동을 촉진하는 매력적인 공공의 공간과 체류 내지는 휴양 거점의 규모와 중요도, 대중교통의 연결성(자가용이 없는 사람의 이용률), 보행/자전거/PM 네트워크 수준(횡단 횟수, 단절 횟수, 단절 시간) 등으로 평가해야 한다.

능동적 이동을 촉진하려면 지자체가 도시 계획, 교통안전 계획, 도시재생 계획, 환경 계획, 소음 방지 계획, 조명 계획, 조경 계획, 가로정비 계획 등을 조율하고 조정하는 것을 주도하여야 한다. 주거지 반경 3㎞ 이내는 보행자가 차도에서 통행우선권을 행사할 수 있도록, 반경 7㎞ 이내는 자동차에 대한 자전거의 통행우선권을 보장하는 설계를 요구한다. 보행이나 자전거 등으로 이동할 때 자동차와 상충 가능성이 있거나 또는 위험 요인을 운전자가 적시 인지하기 곤란한 경우, 교통약자의 동선을 추적하기 어렵거나 위험 요인의 제거가 어려운 경우, 특별한 조치가 필요한 교통약자(시각장애인, 지체장애인)가 있거나 환경(미세먼지, 교통소음)의 피해가 예상되거나 줄일 필요가 있는 경우에 도로관리청은 도로 재설계를 통해 능동적 이동의 품질을 보장할 책무가 있다.

보행자의 통행우선권을 함의하는 구간은 무단횡단 금지 시설을 설치하지 않아야 한다. 왜냐하면 무단횡단 금지 시설, 방호 울타리, 신호기 등은 차도에 대한 자동차의 통행 우선권을 지시해 과속을 유도하기 때문이다.

횡단 안전성은 운전자와 보행자가 서로의 동선을 인지할 수 있느냐가 관건이다. 학생과 노인이 이용하는 시설이나 커뮤니티센터 등은 적어도 반경 500m 내 자동차의 통행을 억제하고 형식적인 교통 윤리에 의존하는 시설(신호기 등)을 제거하여 차도의 통행 우선권이 보행자에 있음을 암시하는 connotative 교통정온화 시설을 설치해야 한다. 재설계에 따른 투자의 부담을 고려한다면 교통약자 통행량, 예컨대 시간당 25명 이상 기준을 마련하여 결정할 것을 권장한다. 주거지, 보행자·자전거·PM의 통행 밀도가 높은 상업 지역, 문화·관광 지역은 시속 30㎞를 초과하지 않도록 설계해야 한다. 기본 설계, 실시 설계, 개통 직전 단계별 주민이 직접 안전 진단 과정에 참여하여 도로 설계 변경에 영향을 미칠 수 있도록 법적으로 보장해야 한다.

산단 등 물류 교통 기능이 강조되는 구간에 보호 구역을 지정하는 것은 적정하지 않다. 제한속도 30㎞/h는 취약 시설 여부에 따른 점 단위, 구간 설정이 아니라 토지 용도를 고려한 존 단위 도시 계획에 기초하여 지정하도록 법적 근거를 마련할 필요가 있다.

통학로는 주거지 반경 500m 지역을 대상으로 교통정온화 설계를 원칙으로 하되 횡단 횟수를 고려하여 주 통학로로 선정된 구간에 한해 소위 워킹스쿨버스를 운영할 것을 권장한다. 통학로는 최근 5년 어린이 교통사고 상세 정보(사고개요 및 현장약도)를 학교운영위원회에서 검토하여 교통 특성(통행량, 중대형 차량 비율, 주야간 통행 특성), 속도 현황(최대 속도, 주야간 속도 편차 변이), 시거 조건(장해물, 건물 배치, 사각지대), 횡단 특성(횡단 횟수, 횡단 시간) 등 구조적 조건을 현장 점검하여 시차제 통행 제한 등을 결정한다.

통학로 지정 시 고려할 요건은 첫째 통학생을 대상으로 어떠한 경로로 통학하는지 전수 조사하는 한편, 현장 점검 시 어린이의 주관적 위험지점을 파악한다. 예컨대 어린이 교통사고가 최근 5년 1회 이상 발생한 구간을 선정하여 현장에서 어린이의 통학 행동을 체계적으로 관찰하는 한편, 특히 무신호 횡단보도에서 어떠한 방식으로 차도를 횡단하는지(차가 보이지 않을 때까지 기다림, 뛰어서 건넘, 좌우를 살피지 않고 정면 주시, 대각선으로 건넘, 운전자의 일시 정지 비율, 스마트폰을 보면서 건넘) 행동을 관찰해야 한다.[9]

어린이의 인지 행동 특성을 반영한 통학로의 설계는 일반적인 도로 설계보다 훨씬 섬세한 이해와 접근을 요구한다. 왜냐하면 보행·자전거의 횡단 행동은 점 단위가 아니라 면 단위로 이루어지기 때문이다.

둘째 통학로상 제한속도 30㎞/h 준수율을 고려하여 교통정온화 설계에 대한 공학적 판단을 한다. 운전자를 불편하게 만드는 것은 통학로 설계의 철학이다.

셋째 보행자의 통행우선권을 절대적으로 보장해야 하는 주거지의 경우 자동차의 운행 속도는 시속 20㎞를 초과하지 않도록 설계되어야 하고 보·차를 분리하지 않는다. 상업 지역의 경우 보행 교통량이 시간당 25명 이상이거나 피크 시간대 자동차의 통행량이 400대/시 이상이라면 보·차분리를 원칙으로 하되, 운행 속도는 시속 30㎞를 초과하지 않도록 설계한다.

영미권은 보행 편의 시설을 스트리트 퍼니처로 표현하고 있으며(주변 환경이 복잡하고 탐지해야 하는 정보가 많으면 그만큼 빨리 달릴 수 없기에) 독일도 화분, 벤치, 탁자, 조형물, 자전거 거치대 등 도로가구^{Strassenmoebel}로 해당 공간이 누구를 위한 공간인지를 암시하는 장치를 설계에 반영하고 있다.[12]

운전자는 신호기와 주변 차량에 집중하는 경향이 강하기에 신호기를 최소화하고 운전자의 시선을 보행자의 눈높이로 낮추도록 유도하는 사회문화시설을 배치하여 운전자의 시선이 원거리에 고정되지 않고 수시로 주변을 살펴보도록 유도하여야 한다.

넷째 30구역 내 20구역(교통정온화구역)이 중첩될 수 있고, 20구역을 지나자마자 30구역이 시작되거나 그 반대의 경우에 일반적인 도로 교통 규칙을 적용하지 않고 이어지는 구역에 특별 규칙을 마련하여야 한다.

예컨대 20구역이 종료되는 표시를 하지 않고 30구역 시작을 알리는 교통 표지를 설치한다. 참고로 스위스 연방교통부는 운전자의 85백분위, 50백분위가 시속 30㎞를 초과하지 않으면 보행 신호기를 설치하지 않으며, 시속 30㎞를 초과할 확률이 높으면 물리적 속도 억제 시설을 설치한다. 속도 억제 시설이 투입되지 않는 경우 30구역 지정을 못 하도록 정하고 있다.[95]*

다섯째 이면 도로 노상 주차장은 교차 설계^{Chicane}와 함께 횡단하려는 보행자의 동선 인지를 용이하도록 차로외측좁힘(약칭 내민보도)를 독려할 필요가 있다. 교통정온화 시설은 보행자나 자전거의 횡단 욕구가 높은 단일로에, 특정한 시간대에 집중적으로 이용하는 횡단 지점에 설치한다.

여섯째 가변에 주차 차량이 없으면 횡단을 희망하는 보행자를 운전자가 쉽게 인지할 수 있기에 제한속도에 따른 횡단보도 좌우측 주차금지 구간을 둘 필요가 있다. 보호구역 내 횡단보도 좌측 10m, 우측 5m 주차금지 구간을 설정한다.

일곱째 자동차 통행 속도를 억제하는 매우 간단하면서도 효과적인 대책은 노상 주차장의 설계이다. 노상 주차장 차로 축의 변이를 통해 도로 공간을 시각적으로 구분하여 운전자의 주의를 높이는 효과를 기대할 수 있다. 교통정온화 시설의 대안으로 시간적으로 완전한, 또는 부분적으로 제한하는 운행 금지, 주차 제한 등을 고려한다. 통과 교통에 과도하게 노출되어 있거나 이면 도로를 단축 경로로 이용하는 교통량이 많거나 야간에 교통소음으로 소음 민원이 발생하는 경우 운행 금지 조치는 최선의 대책이다.

유럽연합은 주차 요금을 징수하거나 시간적으로 제한하는 주차구역^{Blue} ^{Zone}을 운영한다. 거주자 소유 차량은 시간적 무제한 주차에 대한 권리를 보호하는 한편, 주차 제한으로 통근 차량의 주차 공간 탐색 교통을 줄일 수 있고, 이를 통해 소음 저감 효과를 얻을 수 있다. 30구역 내 강제적 속도 억제 시설, 자유로운 횡단을 보장하는 보행섬을 설치하고 차도에 보행자·자전거의 통행우선권을 부여하는 법령의 개혁은 필수다.

보호 목표(보행자 없는 도로보다 차 없는 도로)가 제한속도 하향으로 달성되었는지, 안전 결함 요인이 제거되었는지, 통과 속도가 시속 30km를 초과하지 않는지(운전자의 85백분위가 시속 38km 초과 시 기능이 상실된 것으로 평가), 생활 공간의 품질에 대해 주민이 만족하는지 등을 성과 지표로 고려한다.

도시의 질은 도시에 거주하는 사람들의 사회적 결속이 보장되고, 도시 이미지가 아름답고 생태학적 다양성이 공존하고, 도보가 수용도가 높은가로 결정되어야 한다. 저소음 고안전 도로는 모든 도로 이용자의 공존을 지지하고 촉진할 수 있는 공간이어야 하고, 구현할 수 있는 대책은 무한하기에 창의적인 설계 사례가 나올 것으로 기대한다.

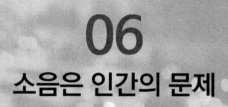

06
소음은 인간의 문제

한적한 소도시에서 학군으로 유명한 강남으로 이사한 나잘나 씨는 입주의 흥분이 그리 오래가지 않았다. 밤마다 교통소음으로 깊은 잠을 취하지 못하고 소음 적응에 애로를 겪었다. 그를 부러워하는 지인들은 교통소음을 대수로이 여기지 않았지만 나잘나 씨는 소음의 실체와 고통을 설명하는 데에 답답함을 느끼고 있다. 영어 Noise 또는 Noisiness는 프랑스어 Noise(싸움)에서 유래한 것으로 알려지며 라틴어 Nausia(메스꺼움) 또는 Noxia(손상)와 연관성이 있는 것으로 추정한다. 소음은 심신에 부작용을 일으키고 공격적으로 만든다는 것에는 이견이 없다. 독일어는 Laerm 또는 Laermigkeit을 쓰는데 본래의 뜻은 북을 두드릴 준비가 되어 있는 사람을 말한다.[160] 이탈리아어로 소음은 Allarme으로 표기하고, 그 뜻이 위협에 대한 경고 내지는 경각심을 의미한다.

귀를 찢는 날카로운 소음은 활동을 방해하거나 신체에 위협을 가하는 것으로 인식되기에 경고의 의미와 동시에 보호 기능을 갖는다. 나잘나 씨는 수면 중에 교통소음을 위험 신호로 인식했고, 그래서 스스로 위험으로부터 보호하려 깼던 것이고, 이것이 반복되면서 분노 게이지가 올라갔던 것이다. 휴양지의 호텔에서 바닷가의 파도 소리를 들으며 숙면을 취할 수 있는데 같은 음압 레벨의 교통소음에는 왜 적응이 되지 않을까?

음압 레벨이 높은 소음원은 우리의 교감 신경계를 자극하고 동맥을 경직시켜 청세포가 숨을 쉬기 어렵게 만든다. 또한 혈압과 맥박수를 높이고 소화불량을 일으킬 수 있다. 더 큰 문제는 나잘나 씨가 교통소음을 소음으로 느끼면서 무기력과 분노를 동시에 갖게 된 것인데, 왜냐하면 교통소음의 음압 레벨은 환경 기준을 충족함에도 통제할 수 없다는 사실이 짜증을 유

---

37) Noisiness는 소리 세기^{intensity}와 소리 높이^{pitch}의 변이로 해석한다.(Schick, 1990)

발하기 때문이다.

부동산 가치에 대한 보상 심리로는 교통소음의 고통을 해결할 수 없다는 사실은 변동이 없다. 생각해 보니 입주한 사람들을 승강기에서 보면 모두 화난 표정인 것 같고, 타인에 대해 냉담하고 협조적이지 않아 보이기도 해서 정을 붙이기 쉽지도 않다. 나잘나 씨는 점점 교통소음에 지쳐가면서 주변인에 대해 무관심해지고 사회적 신호를 놓치거나 대화에 집중하지 못하는 스스로에 놀라기도 한다. 얼마 후 나잘나 씨는 강남을 떠나 한적한 소도시로 이사를 했다.

6.1 소음과 반응의 문제

소음은 원하지 않는 소리로 정의하지만 피해자가 아니라 소음 방지 전문가가 소음 여부를 판정한 것으로 '소음 = 시끄러운 음향'의 동의어 인식은 물리적 음향 자극만이 소음 민원을 유발한다는 편견의 오류를 내포한다. 신체에 의학적 위해를 가하는 소음으로부터의 청력 보호와 소음 방지를 혼동하지 말아야 한다. 피해자가(소음 방지 전문가가 아니라) 어떤 소리나 음향을 소음으로 인지하는 것은 물리 음향 요인(음압, 주파수 특성, 배경음 유형과 강도, 시간적 특성, 노출 시간 등) 외에도 심리음향 요인(피해자의 심신 상태 내지는 민감도, 소음원의 주관적 중요성, 소음원에 대한 내적 태도, 의도한 활동 유형, 소음 노출의 이력과 경험, 단일 이벤트의 횟수, 음향적 고요의 간격, 소음의 환경적 적절성 또는 사회적 수용도 등) 등 복합적 상호 작용에 의해 결정된다. 소음은 '불규칙한 또는 비주기적인 음파의 감각 효과 내지는 원하지 않는 음향 자극'으로 정의한다.[48] 따라서 소음은 심리적 개념으로 보는 것이 타당하다. 그런데 높은 데시벨의 음향은 소음원에 대한 태도 등과 상관없이 소음으로 인지되고 이때는 물리적 개념이 맞다. 왜냐하면 청력 상실 등 생리적 손상을 유발하기 때문이다.

그렇다면 언제 생리적 손상과 병행하여 심리적 손상이 발현하는 것일까? 이 지점에서 우리는 소음의 데시벨과 소음 평가의 성가심을 분리할 필요가 있다. 영어와 달리 독일어는 소음을 데시벨로 표현하고 인간을 배제한 물리적 소음 Geraeusch 과 어노이언스로 표현하며 인간의 평가가 개입되는 심리적 소음 Laerm 을 구별하여 사용한다. 환경 소음을 얘기할 때는 통상 심리적 소음을 지칭한다. 소음이 수행 중이거나 의도하는 활동을 방해하면 대체로 데시벨이 높지만, 반드시 그렇지 않을 수도 있다는 것을 우리는 경험적으로 알고 있다.

예컨대 휴양지로 놀러 간 이륜차 라이더에게는 고출력 데시벨은 시끄럽거나 드라이브를 방해하는 소음이 아니라 쾌적한 음향으로 느낄 수 있다. 마찬가지로 주말 클럽 애호가는 목마른 사람처럼 시끄러운 음향을 갈망한다. 소음을 누가 배출하고 청취하는가에 따라 소음이 무조건 부정적이지만은 아닐 수 있다는 얘기다. 마찬가지로 피해자의 입을 통해 소음을 말할 때는 음향 자극의 물리적 특성을 지시하는 것이 아니라 피해자가 어떻게 음향 자극과 씨름하는지를 함의하는 것이다. 따라서 소음은 물리적으로 묘사된 사태가 아니라 피해자가 성가시거나 짜증을 느끼는 정도를 표현한 정황으로 이해하여야 한다. 그러나 현장은 여전히 데시벨로 소음 민원을 잠재우려는 시도가 반복되는데, 왜냐하면 물리 음향 해결책을 찾고자 하는 전문가는 세 가지 오류 가설에 충실하기 때문이다.

첫 번째 오류 가설은 데시벨과 소음 평가 간에는 밀접한 연관성이 있다는 것이다. 그러나 위에서 논증하였듯이 전혀 그렇지 않다. 두 번째 오류 가설은 전문가의 소음 평가와 피해자의 소음 평가 간에 차이가 없다는 것이다. 이 또한 심각한 사고 오류이다. 왜냐하면 타인의 고통은 그 고통을 겪지 않은 사람은 결코 이해할 수 없기 때문이다. 공감(Sympathy)과 공감(Empathy)은 전혀 다른 말이다. 마지막 오류 가설은 데시벨이 라우드니스에 영향을 미치는 것은 측정할 수 있으나 라우드니스가 인지하는 소음 효과를 결정한다는 것은 방법론적인 결함이 있다.

이륜차 굉음 장에서 설명하겠지만 음향이 갖는 정보 의미 내지는 콘텐츠, 예컨대 특정 이륜차 모델의 소음에 대해 라이더가 인지한 라우드니스는 브랜드 사운드가 얼마나 라이더의 정체성을 일깨우느냐에 따라 인지하는 소음 효과가 달라질 수 있다. 소음 자체가 짜증을 유발하는 것이 아니라 소음을 통해 유도된 어떤 의미가 피해자를 괴롭히는 것이므로 소음은 일종의 색인 기능 ^{Index Function} 을 갖는다고 보아야 한다.

다양한 음 환경에서 방향 행위를 방해하거나 생리적 손상을 일으키거나 어떤 의미를 촉발하는 등 소음의 기능을 우리가 어떻게 인지하는지가 관건이다. 더 중요한 점은 같은 소음원에 대해 느끼는 짜증이나 분노의 수위가 청취자마다 다르다는 점이다.

예컨대 연인이 서로 고백하는 시점에 스포츠카나 이륜차의 굉음이 결정적인 고백을 반복, 또는 번복하게 만드는 상황을 상상해보라. 개인적 민감도나 활동 유형에 따라 소음 평가의 방향이 달라질 수 있는 것이다. 단언컨대 데시벨은 피해자의 소음 평가를 결정할 수 없고, 소음 평가는 생리적 내지는 물리 음향 변인에 의해 결정되는 수동적 과정이 아니라 피해자의 능동적인 인지심리 과정으로 보아야 한다.

소음원이 심신을 불편하게 하거나 위협적인 의미로 인식되는지, 소음 발현 시점에 의도된 활동이 방해를 받거나 결과를 망치는지, 피해를 방지할 수단이 있는지, 과거에 유사 경험이 있는지 등은 소음 민원으로 발전 여부를 예측하는 가늠자다. 소음은 자극이 아니고 반응이다. 소음은 피해자의 반응을 결정할 수는 있으나 피해자가 소음을 어떻게 인지할지는 결정할 수 없다. 그리고 소음 인지는 음향이 원하는 소음, 원하지 않는 소음 여부를 최종적으로 결정한다.

소음 민원의 제기가 곧바로 소음 피해를 확증하는 것은 아니다. 마찬가지로 소음 민원을 제기하지 않았다고 해서 소음 피해가 없다고 단정하는 것도 섣부른 판단이다. 예민한 사람은 성가신 자극에 강박적으로 집중하는 경향이 있기에 심신의 고통을 더 크게 느낄 수 있어 민원을 제기하는 것이므로 이들을 반사회성 인격 장애로 낙인찍는 오류를 범하지 말아야 한다. 특히 간선 기능이 강한 도로변 공동주택의 경우 통상 교통소음관리지역으로 지정하고(표지판만 세우고 있지만) 단체장 재선에서 소음 민원을 잠재우기 위해 방음벽이나 저소음 포장 등 상당한 지방 재원을 투입함에도 교통소음에 대한 민감도는 개인마다 편차가 존재하기에 완전한 해소를 얻기가 어렵다.

□ 교통소음진동규제지역 표지 (좌: 30km/h, 중앙: 50km/h, 우: 90km/h)

따라서 교통소음에 대해 민감하게 반응하는 것은 정상적인 행동 반응임을 인식하여야 한다. 소음 방지 전문가는 민원인이 소음뿐만 아니라 주거 환경의 다양한 요인에 대해 불만을 표출하기에 민원인을 괴짜로 치부하거나 민원을 기각하는 것을 정당한 행위로 착각하는 오류를 피해야 한다. 소음 민원은 소음에 대한 성가심과 주거 환경의 불쾌함이 함께 작용한 결과이기에 공정한 청취를 받을 권리가 있다.

교통소음에 의한 심신의 고통은 도시인의 피할 수 없는 결과인가?

비누 한 조각이 개수대 변비를 일으키듯이 소음원의 부자연스러움은 행복을 일깨우는 외현 기억 $^{Cued\ Recall}$ 이다. 소음의 고통은 유희를 통해 완화할 수는 없으나 소음원에 대해 의미를 부여하는(민원을 최소화하기 위한 고육지책으로 점심시간을 이용한 전투기의 훈련 비행에 대해 이해하는) 행위가 고통을 줄이지는 못하나 민원을 취하하게 만들 수는 있다. 그러나 교통소음의 괴로움을 감내할 만한 가치가 있는 것으로 만들 충분한 의미를 찾는 것은 결코 용이하지 않으며 현실적으로 가능할지는 회의적이다. 당면한 수면 장애를 겪는 민원인에게 '유의미한 괴로움'을 갖는 삶이 '무의미한 유희'의 삶보다 더 가치가 있다고 설득하는 것은 윤리적이지 못하기 때문이다.

아리스토텔레스가 니코마코스 윤리학 $^{Ethica\ Nicomachea}$ 에서 말한 좋은 삶 ^{Eudaimonia} 은 정신적 상태의 의도적 변화를 통한 경험의 대상이 아니라 행위를 통해 구현해야 하는 평가의 대상이라고 한 바 있다.[wikipedea] 교통소음의 다양한 폐해를 알리고 저항하는 목소리를 통해서만 소음 도시가 아니라 음향 도시로 나아갈 수 있다.

6.2 소음 평가의 역사

소음 진동학은 1930년대까지도 인간의 음향적 감각 행동에 대해 제대로 이해하지 못하였다. 소음 평가의 방법론과 역사를 집대성한 고전은

Schick(1990)을 권한다. 데시벨 척도의 출발은 독일 생물학자인 에른스트 하인리히 베버 Ernst Heinrich Weber 에서 찾는다.

베버는 초기 자극의 강도가 일정 비율로 증가해야 자극 변화를 인지하고 (겨우 인지할 수 있는 변화량 JNDs) 이를 베버의 상수로 표현하였다. 베버의 법칙을 기반으로 구스타프 페히너 Gustav Fechner 가 1860년에 '심리물리학의 요소 Elemente der Psychophysik '를 통해 베버의 공식을 로그 함수로 표현하였고,[38] 음향 자극에 대한 인간의 감각 세기의 산술적 증가는 자극 강도의 로그 함수적 증가와 일치한다는 '베버-페히너 법칙'이 음압을 위한 로그 측정 시스템, 즉 데시벨 척도를 도입하는 계기를 제공하였다. 심리음향학 Psychoacoustics 에서 다루는 소음 인지의 절대역 측정과 관련한 방법론의 개발과 응용은 심리물리학 Psychophysics 에 방법론적 족보가 있고, 심리물리학에서 심리측정학 Psychometrics 으로 발전하여 오늘날 소음 평가의 과학적 논리를 제공한다.[81] 나중에 라우드니스 측정에서 데시벨 척도가 무용지물이라는 것을 알게 되었는데, 그것은 청각의 주파수 민감도를 고려하지 않기 때문이다. 우리의 귀는 저주파나 고주파보다 중간 주파수에 더 민감한 것으로 밝혀져 라우드니스 인지의 주파수 의존성을 반영한 폰 척도 Phon Scale 가 개발되었다.

음의 소리 크기는 같은 크기의 1kHz 음의 데시벨로 표현한다. 소리 세기의 직접적인 평가 방법은 피험자가 음향 자극, 또는 관련 감각 사이의 거리, 또는 관계의 크기를 판단하고[39] 이를 토대로 소리 세기 척도를 구성한다. 이때 손 척도 Sone Scale 가 나오게 되는데 라우드니스 척도 Loudness Scale 로도 불린다.

---

38) 페히너는 당대의 철학자 프란츠 브렌타노스Franz Brentanos에게서 심리물리학의 영감을 얻었는데, 브렌타노스는 인간의 정신을 요소로 분절할 수 없고 하나의 통일체로 간주하였다.(Hellbrueck, 1993)

39) 물리적으로 동일한 음향 사태를 연달아 들려주면 두 번째 음향 사태가 훨씬 큰 것으로 인지하기에 순서 효과를 실험적으로 통제할 필요가 있다.

오늘날 국제적으로 유일하게 표준화된 감각 척도이다. 스티븐스 ^{Stevens} 는 베버-페히너 법칙을 대체할 멱 ^{Potency} 법칙을 제시하였는데[178], 소리 세기 비율이 음압 비율과 선형 관계이므로 소리 세기와 음압 사이에 멱함수(L = c + p0.6)를 제시한다.$^{40)}$ 1kHz 40데시벨을 가지는 음향 자극을 표준화한 손 척도는 예컨대 40dB = 1sone, 50dB = 2sone, 60dB = 4sone, 70dB = 8sone 등이다. 물론 스티븐스의 손 척도도 멱함수의 크기에 대한 비판을 면치 못했다.

음향 인지의 간격을 똑같이 분할하는 방법이 각광을 받기 시작했는데, 분할법, 등거리법, 범주형 척도 등이 소음 평가에 활용되고 있다. 달팽이관, 청신경 등 내이內耳 코르티 기관을 지지하고 있는 섬유성 기저막이 가까이 있는 주파수를 합산하기에 A 특성 A-Filter, 폰 척도, 손 척도는 주파수 그룹(임계대역)을 고려하지 못하는 문제가 있다. 라우드니스는 단일 주파수 그룹 내에서 합산되지 않기에(이를 마스킹 효과라 일컫고) 소음이 주파수 그룹의 대역폭을 초과하면 라우드니스가 합산된다.

소음 평가 역사의 한 획을 그은 츠뷔커 ^{Zwicker} 가 청각의 고유 주파수 그룹과 일치하는 1/3옥타브 특성을 사용하여 음향을 평가하는 기법을 개발하였다.[206] 츠뷔거는 소음 성가심을 파악하는 데에 라우드니스가 충분치 않다는 것을 인정하고 심리적 소음 반응을 공학적으로 해결하고자 '무편향無偏向 어노이언스 $^{Unbiased\ Annoyance}$ ' 개념을 제안하였지만 주관적 해석이 배제된 순수한 소음 반응은 허구라는 비판을 면치 못하였다.[44] 음향 자극은 음향이 발생하는 환경을 표시하는 하나의 지시자에 불과하다. 소음 피해를 호소하는 민원인에게 무편향 성가심은 민원인의 분노를 소음원으로부터 주의를 전환하여 파악하기 어려운 데시벨로 미혹하는 것이고, 이는 마치 마타도르 ^{Matador} 를 향한 황소의 분노를 분홍과 노랑의 카포테 ^{Capote} 로 환기하여

---

40) 라우드니스를 기준으로 하면 멱함수는 0.3이다.

분노의 원인을 잊게 하는 것과 유사하다.

우리의 귀는 공학적 측정 기계가 아니고 일종의 감각 센서다. 음향을 통해 환경을 평가하거나 인간의 내적 상태를 진단하기도 한다. 음향이 불쾌하거나 원하지 않는 소음이 되는 것은 자극의 특성뿐만 아니라 자극에 대한 우리의 태도나 자세와도 관련성이 있다.

소음은 반드시 소리가 큰 것만을 의미하지 않는다. 한 방울씩 떨어지는 수도꼭지 낙수는 한밤중의 벼락 치는 소리처럼 우리를 불쾌하게 만들 수 있다. 인간의 생리 심리적 상태의 차이에 기인하는 불쾌감의 정도를 측정하는 것은 거의 마법에 가깝다. 그럼에도 불구하고 다양한 환경 조건에서 불쾌감을 유발하는 음향 자극을 측정하는 것은 필요하다.

압력의 변화는 청각 기관이 감지하는 한 일종의 음향이다. 공기 중 압력이 적어도 초당 20회 변화를 하면 음향으로 인지한다. 초당 압력 변화의 개수를 주파수라 부르고 헤르츠로 표현한다. 하나의 주파수는 특수 음$^{Sinusoidal\ Tone}$을 발생시킨다. 우리의 귀는 초당 20회에서 20,000회의 압력 변화를 감지한다. 피아노 음향은 27.5Hz에서 4,186Hz에서만 감지된다. 산업 소음은 여러 주파수로 구성된 광대역 소음으로 가청 영역에 고루 퍼지면 백색 소음이라 한다.

음향 속도와 주파수를 알면 파장을 계산할 수 있고 음향 속도 대비 주파수로 정의한다. 인지할 수 있는 최소한의 압력 변화는 20마이크론 파스칼로 정상 대기 압력의 5의 9승보다 작다. 따라서 압력 변화 단위로 데시벨을 도입하게 되었다. 데시벨은 절대적인 측정량이 아니라 합의된 기준 데시벨에 대한 측정치의 비율을 의미한다. 데시벨 척도는 로그 함수로 표현하며

20마이크론 파스칼의 절대역을 기준 압력으로 사용한다. 20마이크론 파스칼을 0데시벨로 정의한다. 파스칼 단위의 음압에 10을 곱하면 측정한 데시벨에 20데시벨을 더한다. 200마이크론 파스칼은 20데시벨, 2,000마이크론 파스칼은 40데시벨, 20,000마이크론 파스칼은 60데시벨, 200,000마이크론 파스칼은 80데시벨, 2,000,000마이크론 파스칼은 100데시벨, 10,000,000마이크론 파스칼은 120데시벨이다. 따라서 마이크론 파스칼 대비 데시벨은 백만 대 1로 축약될 수 있고, 데시벨의 한계점은 120데시벨이 된다.

음압이 높아질수록 소리 세기는 커진다. 1초에 공기 분자가 한 번 진동하는 것을 1헤르츠로 표시하고 1초에 음파가 진동하는 수, 즉 주파수가 커질수록 소리 높이는 증가한다. 주파수가 2배수이면 옥타브가 형성된다. 소음원의 주파수를 저주파수와 고주파수 요소로 분절하여 분석하는 것을 스펙트럼 분석이라고 하는데, 소음원을 개별 주파수로 나누기보다 1/3-옥타브를 지닌 주파수 대역으로 분절한다. 주파수 대역마다 음압을 측정한다. 소음원으로부터 거리가 2배 멀어질수록 음향 에너지는 1/4로 줄어들고 음압은 6dB 정도 감소한다.

주파수가 높아질수록 파장은 작아진다. 인간이 인지할 수 있는 가장 높은 음은 파장이 고작 1.6cm에 이르지만 인지할 수 있는 가장 낮은 음은 파장이 16m까지 달한다. 예컨대 100Hz 음은 3.3m, 1,000Hz 음은 33cm, 10,000Hz 음은 3.3cm 파장을 갖는다. 1795년 프랑스 왕립 아카데미는 지구 측정 단위인 Meter Kilogram Second 를 모든 형태의 측정에 표준 단위로 사용할 것을 제안하였다. 1876년 알렉산더 그래햄 벨 Alexander Graham Bell 이 전기 자장으로 작동되는 전화기를 개발하여 소음 크기를 표현하는 단위로 벨 Bel 을 사용하였다. 1967년에 ISO는 소음 민원과 관련하여 주파수와 시간을 반영한 평가 척도로 A 특성 데시벨dB(A)[41] 사용에 합의하였다. 총 네 가지 유형의 음향 특성이 있는데, 저주파 또는 고주파가 특성에 따라 상이하게 감쇄된다.

교통소음은 국제적으로 표준화되고 가장 보편적인 A 특성으로 평가하고, 항공소음은 C 특성을 적용한다.

음향 필터의 개념은 원래 라디오 음질의 개선을 위해 Leo Beranek이 도입하여 Arnold Petterson이 완성하였다. 그들은 2~5kHz 주파수대에서 인간의 청각 민감도 편차가 심하게 발생하는 문제, 즉 외이도 공명을 애써 무시하였는데, 후에 쯔비커가 청감은 비선형 함수로 설명해야 한다고 표방하면서 A 특성 데시벨이 각광받기 시작하였다. A 특성은 Equal Loudness Curve 를 거꾸로 한 것과 동일한 방식으로 음향을 처리하고, B 특성은 중간 데시벨, C 특성은 높은 데시벨을 잘 표현하며, D 특성은 항공 소음을 측정할 때 주로 사용한다. 음압 측정기의 시간 평가는 동특성(Slow) 1s, B/D 특성에 적합한 동특성(Fast) 125ms, C 특성에 적합한 동특성(Impulse) 35ms이며, 독일에서는 임펄스 계산을 위해 Takt-Maximalpegel(약칭 TALaerm)을 사용한다.[DIN 45645, VDI 2058] 5초 또는 3초 동안 최대 데시벨을 동특성(Fast)에서 측정한다.[129] 후에 저주파수대(200Hz 이하)의 청감 현상을 설명할 필요성이 제기되었고, 이에 크라이터 Kryter 가 항공 소음, 도로 소음, 공간 소음, 기계 소음, 자동차 소음 등 어노이언스 평가를 위해 D 특성을 사용하고 단위로 'noy' 도입을 제안하기도 하였다.[42] 그러나 케릭의 '수용도' 평가와 크라이터의 '인지된 소음 Perceived Noisiness ' 평가의 불일치로 noy는 기각되었다.[103] 데시벨은 대수 함수 비율을 표시할 뿐 음향과는 무관하고 퍼센트(%)와 같이 법률적으로 명시되지 않은 측량 단위다.[160] 표준 강도 $S_0=1$이 0dB을 갖

---

41) 소음 진동 공정 시험 기준에 의하면 청감 보정 회로의 A 특성은 인체의 청감각을 주파수 보정 특성에 따라 A, B, C, F로 구분하는데, 이 보정 회로 중 A 회로를 통과해 계측하는 것을 말한다.

는다면 S=2는 3dB, S=4는 6dB, S=10는 10dB, S=20은 13dB, S=100은 20dB, S=1000은 30dB이다.

수로 표현할 수 있는 모든 것은 데시벨로 표현될 수 있는 것이다. 데시벨을 음향 에너지로 표현하면, 음향 에너지가 2배면 3dB, 10배면 10dB이다. 음압으로 표현하면, 음압이 2배면 6dB, 10배면 20dB이다. 표준 음압 P0=0.00002Pascal은 1m²에 100g 물체를 놓을 때 나오는 수치다.[42]

decibel	−3dB	−2dB	−1dB	0	+1dB	+2dB	+3dB	+10dB
percent	−50%	−37%	−21%	0	+26%	+59%	+100%	+1000%

□ 데시벨과 퍼센트의 호환성

데시벨 척도는 퍼센트 척도와 유사하며 단지 대수 함수로 표현된 것이다. 퍼센트 척도는 한 개지만 데시벨 척도는 여러 개가 가능하다. 데시벨을 소음 크기 평가 도구로 사용하는 것은 과학적 필요성에 의한 동기보다는 심리적 코르셋Psychological Corset이기에 '데시벨은 법적으로 쾌변적이지 않은 시방서'라고 폄하되기도 한다.[65][43] 동일한 소리 크기로 들리는 다른 주파수를 지닌 일련의 음 집합을 Equal Loudness Level이라 하고 측량 단위로 phon을 사용한다. 1kHz 표준음을 제시 후 다른 주파수의 자극을 표준 자극의 소리 크기와 같아질 때까지 음압을 변화시킨다. 그러나 폰 척도로는 복잡한 스펙트럼 구조를 지닌 소음과 인지된 소음을 구별할 수 없기에 오늘날은 사용되지 않는다. 음향 사태, 예컨대 스쳐 지나가는 자동차의 소음 크기를 알려면 관찰 시점의 등가소음도Leq을 사용한다.

---

42) 데시벨은 세기Intensity로 표현하면 $10 \times \log \frac{I}{I_0}[dB]$. $I_0 = 10^{-12} Watt/m^2$. 음의 강도를 두 배로 올리면 +3dB, 반으로 낮추면 −3dB, 십 배수는 +10dB. 음압으로 표현하면 $20 \times \log \frac{P}{P_0}[dB]$. $P_0 = 2 \times 10^{-5} Pascal$. 음압을 두 배로 높이면 +6dB, 반으로 낮추면 −6dB, 10배로 올리면 +20dB.

43) 'Das Dezibel – eine rechtlich nicht stubenreine Angabe'

Leq는 1968년에 DIN 45641에 소음의 시간적 적분을 해결하는 표준 단위로 정착되었다. 그러나 Leq는 소음 휴지기의 고요가 소음 발생을 상쇄할 수 없기에 음향적 고요에 대한 새로운 개념의 도입을 요구한다. 음향적 고요의 평가 방법은 별도의 장에서 서술하고자 한다. 음압 측정기의 구조는 다음과 같다.

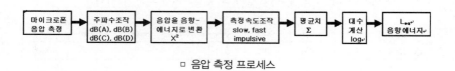

□ 음압 측정 프로세스

마이크로폰으로 음압을 측정한 후 특정한 주파수 대역을 걸러내기 위해 필터 함수를 선택한다. 음압을 음향 에너지로 전환하기 위해 음압의 제곱근을 구한다. 음향 사태의 성격에 따라 측정 바늘의 움직임이 달라지고 이를 통제하기 위해 측정 속도를 결정한다. 측정 속도가 너무 느리면 폭탄 음과 같은 강하고 짧은 음향 자극은 측량이 어려워진다. 모든 측정값을 합한 뒤에 평균치를 구하고 이를 대수 값으로 전환하면 등가소음도 ^{Leq}를 얻게 된다.

음압 레벨의 음향 에너지는 평균을 구하기 전의 음향 사태의 음향 에너지와 같다. 음향 에너지가 클수록 음압 레벨은 증가한다. 음향 사태가 시간적으로 고르게 퍼지지 않고 조용한 배경하에 높은 소리 크기로 드물게 발생하면 관찰 시점은 음압 레벨에 영향을 미칠 수 있다.

관찰 측정 시간이 짧아질수록 높은 음압 레벨을 얻는다. 관찰 측정 시간을 두 배로 늘리면 3dB 정도 음압 레벨이 감소한다. 관찰 측정 시간이 X만큼 늘어나면 평균적 음향 에너지는 원래의 음향 에너지의 1/X만큼 줄어든다. 주로 사용되는 필터 함수 데시벨(dB(A))은 특히 1kHz에서 8kHz에 이르는 주파수 대역을 잘 반영한다. 그러나 1kHz 이하의 저주파수 대역의 측정은 인간의 가청 절대역을 반영하지 못하는 단점이 있다. 두 개의 서로 다른 음압을 가진 음향 사태가 동시에 공존하면 음압 측정기로 두 음향 사태의 음압의 합을 소음 측정자로 가늠할 수 있다.

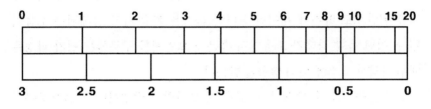

□ 소음 측정자 (Strick, 2006)

두 음향 사태의 합은 다음과 같이 구할 수 있다. 음향 사태 a=68dB, b=63dB이면 음압 레벨 차는 5dB이고 상대적으로 높은 음향 사태에 가산점 1dB을 준다. 따라서 두 음향 사태의 합은 131dB이 아니고 69dB이 된다.

6.3 소음 성가심

자동차, 이륜차, 사륜차, 기차, 드론, 헬리콥터, 전투기 등 교통소음은 정신 건강에 직접적인 영향을 주는 소모적인 문명 재앙이다. 소음으로 초래되는 스트레스는 자극의 물리적 특성인 음압의 결과가 아니라 소음에 대한 심리적 산물이기에 삶의 질을 평가하는 중요한 환경 공해 준거로 보아야 한다. 우리의 귀는 언어를 청취하는 기능뿐만 아니라 다양한 정서적 인상을 전달한다. 고요는 편안함, 휴식과 긴장 완화를 촉진하는 음향적 환경이다. 소음은 짜증이 나거나 건강을 해치는 정서적 인상이고 음압 측정기로 측량하는 객관적 소음과 구분하여 인지된 소음이다.[44] 소음은 원하지 않는 음향으로 정의하나 모든 시끄러운 음향이 소음으로 인지되지는 않는다.

예컨대 클럽의 시끄러운 음악은 흥을 돋우는 것으로 인식되지만 컴퓨터 인쇄와 같은 덜 시끄러운 소리는 가끔 일의 집중력을 떨어뜨린다. 아침 7시에 듣는 라디오 음악 채널 신나라 음악은 기분을 전환해 주지만 출근길에 교통 위반으로 딱지를 떼이면 신나라 음악은 짜증 나고 방해되는 소음이 된다. 어떤 음향 사태가 소음인지 혹은 고요인지를 구분하는 평가 과정은 매우 다양한 요소에 의해 영향을 받는다.

원치 않는 소음을 통제할 수 없을 때 무기력이 발생한다. 소음으로부터 삶의 행복을 빼앗기지 않기 위해 개인적 음 환경을 창출하고 이것은 음악 시장을 살찌운다. 음악 시장의 활성화는 이웃 소음의 원인이 되기도 한다.

고등 교육을 받은 사람이 훨씬 소음에 민감하다. 고주파 음이 많은 일본어는 일본인에게 정상이지만 다른 언어권에선 성가시게 느낀다. 이탈리아 가정은 독일 가정에 비해 음압 레벨이 상대적으로 높다. 겨울보다 여름에 소음과 관련된 소송이 늘어나고 여성이 남성보다 소음 민감도가 더 크다. 비행기 조종사가 옆집의 개 짖는 소리에 짜증을 내지만 동료 조종사가 모는 비행기 소음은 엔진의 상태가 안전 규정을 지키고 있는지에만 신경을 쓴다.

주거지 주변에 잔디와 나무가 많다면 같은 교통소음이라도 훨씬 덜 스트레스를 받는다. 같은 소음 사태는 낮과 밤에 따라 다르게 들린다. 목공소에서 일하는 목수는 사무실에서 일하는 회사원보다 교통소음 민감도가 낮다.

소음은 시끄럽고, 고요는 조용하다는 진술은 그리 간단하지 않다. 음압

---

44) Kryter는 물리음향의 Noise 대신에 성가심을 표현하는 Noisiness 개념을 사용할 것을 제안하였다.

측정기로 고요와 소음을 구분하기란 불가능하다. 깊은 밤 이웃집에서 벽을 타고 나지막이 들려오는 쓰레기통 구르는 소리는 성가시기에 소리 크기만이 결정적인 원인이라 볼 수 없다. 정적과 같이 배경 소음 주파수가 아주 낮고 분산되어 음향 인상이 철저히 배제되면(방음 공간) 오히려 불안감 내지는 공포감이 발생하기도 한다. 소음 인지는 데시벨 척도로 표현하기보다 손 척도의 라우드니스로 표현된다. 바크하우젠 Barkhausen 은 폰 척도를 라우드니스로 표현하기 위해 바크 척도 Bark Scale 을 제안하였는데 1kHz 표준음에 대한 폰 척도의 음향 크기와 데시벨 척도의 음압은 같은 의미를 갖는다.

고속철도와 GTX의 확장이 이루어지면서 점차 철도 소음이 도로 소음 못지않게 소음 민원을 유발할 여지가 커지고 있다. 철도 소음과 도로 소음의 성가심에 차이가 있는데, 1996년에 핸슨 Hanson 이 놀람 반응을 관찰하여 고속철 노선에 소음 보정이 필요함을 제시하였고[79], 같은 음압 레벨의 철도 소음과 도로 소음을 비교하면 철도 소음이 도로 소음보다 덜 성가신 것으로 반응하는데, 이러한 현상을 철도 소음 보너스 Railway Bonus 로 명명하였다. 나라별 철도 소음 보너스 현황은[113] 다음 표와 같다.

국가	철도소음 보너스 dB(A)	국가	철도소음 보너스 dB(A)
오스트리아	5	네덜란드	5
덴마크	5	노르웨이	0
핀란드	0	영국	2~3
프랑스	0 또는 3	스웨덴	0
독일	5	스위스	5

ㅁ 철도 소음 보너스의 국가별 비교

고요와 휴식의 관점에서 철도 소음을 도로 소음에 비해 5dB(A) 덜 성가시게 느낀다는 사실에 입각하여 독일에서는 자기부상열차 ^{Transrapid}가 시속 300km로 운행할 경우 소음 보너스 5dB(A) 개념을 현장에 적용해오고 있다. 철도 소음 보너스를 심리음향학이 아니라 환경의학의 관점에서 검토한다면 야간 시간대 통과 열차의 횟수가 보너스의 적합성을 판단하는 잣대가 되어야 한다. 왜냐하면 야간 시간대 30회와 100회의 통과 열차는 코르티솔 분비량의 차이를 유발할 수 있기 때문이다.

실제로 철도 소음을 낮과 밤에 비교한 결과 수면 장애나 소통 장애의 관점에서 낮보다 밤에 10dB(A) 이상 성가심을 더 느끼는 것으로 나타나 도로 소음에 대비하여 주간 철도 소음은 5dB을 차감하되 야간 철도 소음은 1~5dB을 가산하는 철도 말러스 $^{Schienenmalus(독), Railway Malus(영)}$ 개념이 제안되었다.[163]

스위스는 열차의 통행 빈도를 고려하여 소음 보너스를 5~15dB(A) 범위에서 적용할 것을 권장한다.[132] 교통수단별 백분위수 라우드니스[45] 비교를 통해 파슬 ^{Fastl} 은 도로 소음 대비 철도 소음 보너스 6.13dB(A), 항공 소음 말러스 3.77dB(A)를 뺀 값으로 보정할 것을 제안하였다.[54]

	라우드니스 N5	라우드니스[47] LN	A특성 등가소음도 LAeq	보너스 △LA
	sone	phon	dB(A)	dB(A)
철도	22.95	85.21	85.21	6.13
도로	35.10	91.34	91.34	
항공	45.60	95.11	95.11	3.77

□ 백분위수 라우드니스로 산정한 철도소음 보너스와 항공소음 말러스

민간 항공 소음 이벤트 횟수를 2배수 늘리면서 소음 성가심에 변동을 주

---

45) 공군 전투기가 낮은 고도로 날아갈 때 사운드 마스킹^{masking} 효과를 일으키는데, 시간 변동 구조에 대한 주관적 성가심^{annoyance}를 백분위수 라우드니스 N5로 설명할 수 있는 것으로 나타났다.(Widmann/Goossens, 1993)

지 않으려면 단일 이벤트 소음 노출도$^{SEL\ 46)}$ 기준으로 3dB(A) 낮추면 상쇄 효과가 있지만[169], 노출도가 가장 높은 침실과 가장 낮은 침실의 음압 레벨 차이를 고려하여(침실 창문은 닫은 상태에서) 야간 시간대(23~7시) 페널티 10dB(A)를 낮추도록 운행 계획을 세우도록 하고 있다.[130] 민간 항공 소음의 환경의학 연구는 매우 방대한 편인데, 항공기 통과 횟수Noise and Number Index(NNI)가 NNI > 33인 지역과 NNI < 20인 지역의 의료 정보를 분석한 결과, NNI 값이 높을수록 요통, 경련성 결장으로 통원 치료 환자가 2~3배 높은 편이고, 약물 처방의 경우 진정제, 항고혈압제 복용 횟수가 통계적 유의성을 갖는 것으로 나타났다.[106]

공군의 저고도 전투기 소음에 노출된 학령기 어린이의 수축기 혈압이 그렇지 않은 지역에 비해 9mmHg 높은 것으로 보고된 바 있다.[89] 항공 소음은 타 교통수단과 달리 원인자 부담 원칙이 시설 투자에 적용되기에 소음 민원의 역학 연구가 다양하게 이루어졌으나 건강과 행복에 미치는 효과에 대해서는 제트 엔진 소음이 공항 주변 거주자의 행동과 생활 태도에 아무런 영향을 주지 않는다거나 거주 기간이 소음 피해를 예측하지 못한다거나 (음성 간섭 수준$^{Speech\ Interference\ Level(SIL)}$, 수면 방해, 암묵적 기억$^{47)}$ 등 평가 지표에 따라 소음 반응이 달라질 수 있기에) 항공 소음의 특성이 아니라 개별자의 소음 민감도가 소음 민원을 예측하는 지표라는 등 논쟁이 완전히 종식되지 못한 형국이다.

이와 관련하여 항공 소음의 심리사회 변인(비행기 충돌에 대한 공포, 통제

---

46) Single Event Noise Exposure

47) 과거에 읽었거나 수행한 정보를 의식하지 못한 상태에서 새로운 정보의 학습을 촉진하는 기억을 의미하며, 측정 효과를 프라이밍^{priming} 효과라 명명한다. 항공소음에 노출된 어린이의 암묵적 기억역량이 감소하는 것으로 보고된 바 있다.(Meis, 1998)

위치,[48] 항공교통에 대한 일반적 태도 등) 인과 관계보다는 언어적 반응의 나열된 순서를 추출하기에 소음 민원 평가 시 인성 평가와 의료 검사를 포함해야 한다는 주장도 제기되었다.[23]

항공 소음 민감도는 교육, 경제 수준과는 하등 연관성이 없으나 신경 과민증이나 정신과적 증상의 발생 빈도는 관련이 있는 것으로 보고 있다.[40]

NNI와 신경증의 관계 분석에서 급성 신경증 환자의 NNI 값이 상승하는 것으로 보고된 바 있다.[184] 배경 소음이 증가하면 초점 소음이 덜 인지되는 편이지만 흥미롭게도 생활환경의 배경 소음 수준이 높을수록 같은 항공 소음이 더 성가시게 느껴질 수 있다.[186] 한편 집안에서 느끼는 소음 성가심을 집 밖에서 느끼는 소음 성가심보다 크게 느끼는데, 이는 집안의 음향적 고요에 대한 기대치가 높기 때문이다.[139]

항공 소음의 명백한 물리적 피해가 예상되는 가운데, 공항 주변의 쇼핑 품질과 접근성, 학군의 형성, 기간 교통망의 여부, 직장의 근접성 등의 사회 문화적 혜택이 소음 민감도에 영향을 준다.[60] 흥미로운 점은 항공 소음 민원 빈도가 사회경제적 이슈, 예컨대 경기 침체, 환경 운동, 올림픽 등과 맞물려 증가하는 경향이 있기에[61] 소음 민원이 제기하는 소음 공해의 실질적인 효과(주거지 선택과 소음 환경에 대한 내성 내지는 관용의 관계)를 이해할 필요가 있다.[62]

최근에 레저용 및 사업용 드론 산업이 활성화되면서 저고도(150m) 회전익 드론의 교통소음이 소음 민원의 비중을 넓혀갈 것으로 예상되고 있다. 프로펠러 비행기에 대한 소음 연구를 보면 이륙 시보다 착륙 시에 소음 성가심이 큰 것으로 나타났다.[127] 음향적 고요를 보호할 필요가 있는 지역

---

48) 행동 강화의 통제 방향을 측정하기 위하여 1954년에 로터Rotter가 개발한 사회심리 이론

에 대해 회전익 비행기의 최소 고도를 300m에서 800m로 기준을 강화하면 10dB(A) 감소 효과를 기대할 수 있다.[196] 가까운 미래에 산업 드론의 저고도 기준이 드론 소음의 손해 배상 문제를 고려하여 검토될 것으로 기대한다.

배경 소음이 상대적으로 덜한 주거 지역과 그렇지 않은 지역의 학령기 어린이를 대상으로, 항공 소음이 심한 학교와 그렇지 않은 학교에 머무르는 동안 혈압과 학업 성과를 비교한 연구에서는 항공 소음에 노출된 누적 시간이 혈압과 학업의 차이를 설명하는 것으로 보고된 바 있다.[45]

노동의학 관점에서 저주파 소음에 10분간 노출 시 일시적인 청각 손실이 발생하지만 30분간 노출되어 나타나는 청각 손실은 회복 시간이 3시간 이내이면 양호하고 12시간이 소요되면 심각한 상태로 진단한다.[142] 데시벨, 에너지, 스펙트럼 분포 등 물리 음향 계수는 소음 민원의 33%만 설명할 수 있다. 소음이 끝나는 시간을 안다면 소음이 끝이 보이지 않는 경우보다 훨씬 견뎌내기가 쉽다.

불쾌감은 데시벨 외에도 노출 시간과 관련이 있다. 노출 시간이 반으로 줄면 3dB 높아진다. 미국노동안전위생국 OSHA 에서는 노출 시간이 반이면 5dB 높아지는 것으로 가정하고, 독일에서는 항공 소음의 경우 노출 시간이 반이면 4dB이 상승하는 것으로 계산한다. 8시간 노출 시간에서 90dB은 4시간 노출 시간에서는 93dB과 같고 2시간 노출 시간에서는 96dB과 같은 효과를 나타낸다.

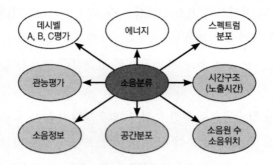

데시벨 변화량과 라우드니스 감각량의 관계는 데시벨이 커질수록 라우드니스 평가는 증가한다. 소음 노출 시간의 길이를 15, 30, 60, 120, 300, 600, 1,200초(20분)로 실험한 결과 노출 시간이 증가할수록 자극 크기에 대한 라우드니스 감각량은 감소하고 라우드니스가 증가할수록 소음 크기 인지는 상승하였다.[18]

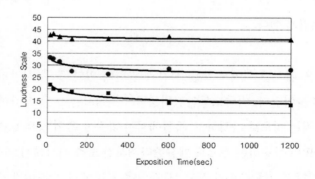

□ 노출 시간(s)과 라우드니스 관계

노출 시간 증가에 따라 성가심 Annoyance 평가도 비례하여 상승하였다. 교통소음 민원에 대한 감성의 정량화 및 민원 예측에 적합한 공학 계수는 라우드니스 ^{Loudness}, 음조 ^{Tonality}, 시간 ^{Time} 고 노출 시간이 늘어날수록 어노이언스 ^{Annoyance} 는 증가하며 민원 평가의 65%를 설명할 수 있다.

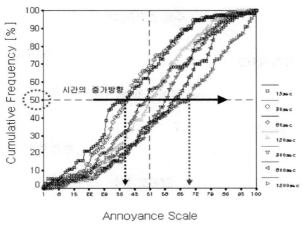

□ 노출 시간과 어노이언스 관계

6.4 소음 민원 평가 모델

소음 민원은 소음 문제보다 사회경제적 갈등의 표출이다. 같은 소음은 다양한 계층에 다른 소음 민감도를 일으키고, 같은 사람도 상황적 맥락에 따라 같은 소음을 달리 인식할 수 있다. 왜냐하면 데시벨이 소음을 결정하는 것이 아니라 우리의 뇌가 소음 여부를 판정하기 때문이다. 교통소음에 대한 반응의 변동 폭을 설명하는 다양한 사회경제적 매개 변인이 작용한다. 이와 관련하여 주거 만족도를 매개 변인으로 활용한 사례가 있는데 만족도 요소는 주거지에 대한 만족도, 주거지의 건강 조건에 대한 만족도, 주거지의 휴식·레저 인프라(공원·호수·산책로 등)에 대한 만족도, 민원 요소는 주거 지역의 미세먼지/배출가스에 대한 불만, 주거지의 악취에 대한 불만을 소음 민원의 평가 모델로 제시하였다.[164]

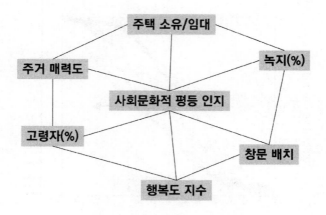

□ 소음 민원의 평가 차원

소음 민원은 음향 자극에 대한 불만만을 의미하지 않는다. 주거 환경에 대한 관점과 만족도, 건강에 대한 욕구, 문화 예술에 대한 취향, 주택의 배치 등 복잡계 현상으로 다양한 지식 도메인과 방법을 동원하고 조율해야 한다. 교통소음은 주거지의 이미지를 훼손하고 주택에 대한 수요를 떨어뜨릴 수 있다. 월세 소득, 소득세, 토지 취득세 등을 쪼그라들게 하며 주거지의 유지 보수 품질을 떨어뜨리고, 사회문화적 형평성에 대한 갈등이 유발되어 공동체를 약화시킨다. 선린 행동이 줄어들고 도시 재생의 욕구가 커지게 되고 공공 부담금을 증가시키며 부동산 가치를 떨어뜨리는 악순환의 연결 고리다.[49]

같은 음압 레벨에서 양방향 2차선 생활 도로가 양방향 4차선 물류 도로보

---

49) 주거지 교통소음이 1데시벨 높아지면 주택 가격은 0.4% 하락하는 것으로 추정한다.(EC Workung Group, 2003)

다 스트레스를 덜 느낄 수 있다. 도시 공간은 음압의 절대 수치가 중요한 게 아니라 음압과 주파수의 균형, 소음의 주기성과 의미, 소음의 유형과 이해도 등을 고려한 종합 설계가 필요하다.

도시의 음향적 역량은 소음 평가 단계에서 환경 설계, 즉 생활 공간의 변화를 모색하는 것에서 출발하여야 한다.[126] 주거지 교통소음에 대해 원인과 의미를 이해하면 수용력이 높아진다. 소음 수용성 및 민감도 간 경계는 불분명하다. 보행 교통이 활발하고 볼거리, 먹거리 등 매력도가 높은 도시지역도로의 소음과 미세먼지는 덜 매력적인 경우보다 민감도가 낮아질 수 있다. 따라서 소음 부하가 높지만 생활 가치가 높은 도시 공간의 접근은 교통소음의 의미와 목적성에 대한 이해를 도모할 수 있는 기능적 공간의 설계를 어떻게 할 것인지 고민할 것을 요구한다.

도시 공간의 소음 평가와 도로 설계를 어떻게 연결할 것인가?

소음 민원의 심각도 내지는 방지책의 구현 가능성 측면에서 시간적 및 경제적 재원의 한계를 고려하여 방지책의 우선순위를 정해야 한다.

방지책의 우선순위 결정의 집행력은 공학적 관점뿐만 아니라 정치계와 언론계의 수용도 내지는 공감대 형성을 전제해야 담보할 수 있다. 제5차 국가교통안전기본계획에는 소음 취약 지역(주택가, 학교, 요양원 등) 주변 도로를 보행 안전 및 소음 규제 지역으로 개편하여 12m 이하의 이면 도로에 대한 자동차 통행의 최소화 및 속도 하향, 보도 확충 등 시설 개선으로 교통소음 등 환경 위해 요소를 완화하거나 해소함으로써 안전하고 건강한 주거 환경을 조성하는 통합적 정책 방향을 표방하였으나 구현되지 못하였다. 「소음·진동관리법(법률 제17843호)」 제28조 1항(교통소음 진동규제 지역의 지정)에 '시도지사는 주민의 정온한 생활환경을 유지하기 위하여 교통기관으로 인하여 발생하는 소음 진동을 규제할 필요가 있다고 인정되는 지역을 교통소음진동규제지역으로 지정할 수 있다.'고 명시하고 있으나 교통정온화 시설과 설계에 대한 기준이 부재하여 통합적 접근은 미완으로 그쳤다. 그러나 2019년 2월에 국토교통부 예규로「교통정온화 시설의 설치 및 관리 지침」이 공표되어 비로소 저소음 도로의 구현을 위한 길이 열렸다.

　서울특별시는 지속가능교통법에 의거한 녹색교통진흥지역과 녹색교통 개선지역을 시행하고 있으나 교통소음보다는 배기가스 및 미세먼지 감축에 초점을 두고 있다.「소음진동관리법」은 교통 기관 등이 교통소음의 적정한 관리에 필요한 경우 소음의 분포를 표시한 소음 지도를 작성하고 공개할 수 있도록 명시하고 있다. 환경 소음 평가와 방지에 대한 유럽연합 기준법 제47조[50] 및 유럽연합 하원과 상원의 기준[51][155]에 의거 회원국은 지역별 소음 지도를 공표할 책무가 부여되었고, 소음 지도는 5년에 1회 작성해 발표하여야 하며 주거지와 소음진동규제지역에 대한 선정 방안과 개선을 위한 시행 계획을 보고할 의무가 있다.[52]

　회원국은 인구 10만 명 이상 지역, 연간 3백만 대 이상 자동차 통과 교통량, 일 평균 자동차 교통량이 8,200대에서 16,400대 이상, 연간 철도 교통량이 30,000회 이상 발생하는 소음 피해 지역을 파악하여 주야간 노출 규모, 피해 유형을 시각화하는 소음 지도, 갈등 지도를 작성해야 한다.[126]

　소음 지도만으로는 지역별 소음 상황의 문제점을 진단하고 소음 평가의 계량적 근거를 확보할 수 없다. 소음 평가의 복잡성을 고려한 심리음향 공

50)　§47 Entwurf eines Gesetzes zur Umsetzung der EG-Richtlinien ueber die Bewertung und Bekaempfung von Umgebungslaerm.

51)　Richtlinie 2002/49/EG des europaeischen Parlaments und des Rates ueber die Bewertung und Bekaempfung von Umgebungslaerm

52)　Europaeisches Aktionsprogramm fuer die Straßenverkehrssicherheit. Halbierung der Zahl der Unfallopfer im Straßenverkehr in der Europaeischen Union bis 2010, Kommission der Europaeischen Gemein-schaften, Bruessel, 2003

학 계수는 대안이 될 수 있겠으나 토지 용도, 도로 의미, 운행 속도, 신호기, 정류장, 건축 유형, 주민 특성, 근로자 수, 주야간 노출 인구 등을 검토해야 한다. 왜냐하면 소음 민감도는 토지 용도에 따라 개인 간 편차가 크기 때문이다. 소음 피해에 대한 개인적 균형 대책의 적부^{適否}가 소음 민감도의 방향을 결정한다.

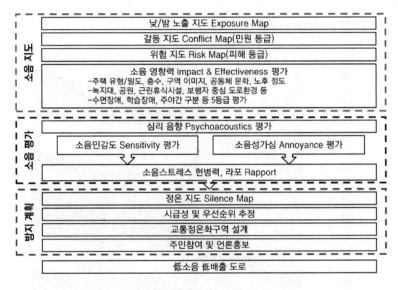

□ 민원 평가 및 소음 방지 프로세스

  교통소음을 3차원 이미지로 구현하는 기술이 상용화되어 있고, 상업적 활동량, 교통량, 건물 밀도가 소음 수준을 결정하는 변량으로 사용한다. Nardi 등(2007)은 횡단면, 교통량, 운행 속도, 건물 형태와 높이 등 변량과 교통소음의 관계성을 규명하였다. 이를 통해 환경 기준과 소음 민원의 격차를 가시화한 갈등 지도, 소음 노출량을 보여주는 노출 지도, 그리고 음압 레벨에 따른 주거지의 예상되는 소음 피해를 시각화한 위험 지도를 구분하여 소음 대책을 제시하였다.

유럽연합은 교통소음의 인식·평가·예방 프로그램 'Quiet City Transport(약칭 QCITY)'를 추진하여 교통소음 시뮬레이션, 도로 시설 소음 평가를 통해 주거지 특성에 맞는 다양한 도로 설계 시범 도시를 시행하였다. Genuit 등(1997)은 주거지 교통소음의 현실적인 피해 해소를 위해 심리음향 공학 계수를 처음으로 도로 설계에 적용하여 소음 지도와 차별화된 성가심 지도 Annoyance Map를 제시하였다.

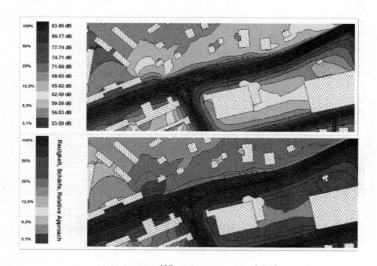

□ Noise Map(위), Annoyance Map(아래)

국내는 Jeong 등(2010)이 도시개발사업에 따른 교통소음의 영향도를 물리 음향 시뮬레이션하여 교통영향평가 제도의 개선을 요구하였다. 그러나 물리 음향 시뮬레이션은 실제 거주자의 민감도와 소음 피해가 어떤 도로 시설 변인과 연관성이 있는지를 설명할 수 없다. 국내 연구는[18] 교통소음의 노출 시간에 따른 연령별 불쾌도를 평가하여 노출 시간에 따른 성가심 예측 계수를 제시한 바 있다. 그러나 도로 시설 유형별 소음 성가심에 영향을 주는 공학 계수에 대한 경험 연구는 부재한 형편이다. 소음 지도와 관련해서 빼놓을 수 없는 사안은 민원을 제기하는 주민이 올빼미인지 종달새인지에 따라 소음 민원의 향방이 달라질 수 있기에 소음 지도를 주간과 야간, 아침과 저녁을 구분하여 방지 대책을 강구하기를 권한다.

07

소음의 경제학

교통소음에 대한 반응은 신체적 및 심리적 에너지를 요구하고 장기적으로 노출되면 우리의 몸은 경고 시그널을 보낸다. 밥맛이 없거나 피곤함을 느끼거나 두통이 생기거나 졸음에 시달리거나 위 통증이 생기거나 이명이 들리는 등 신체적 증상은 소음 스트레스에 대한 저항과 투쟁의 흔적이다. 교통소음을 회피하는 행동, 예컨대 휴양하기 위해 연차나 병가의 횟수가 늘거나 혼술을 자주 하거나 이어폰으로 인공적 음 환경을 만드는(Noise Canceling 제품을 선호하거나) 등 심리사회적 반응에 따른 지출도 소음 피해의 비용 요인이다.

신도시 건설로 도로 폭원이 넓어지고 주차면은 확장되고 자동차 중심 도시로 가속화되는 현상은 생활 공간의 경계를 허물어뜨리고 수면 목적에 치중된 베드타운을 양산한다. 자동차 교통이 뱉어내는 소음과 미세먼지는 인간-인간, 인간-동물, 동물-동물의 소통을 저해하고 학습-수렵 능력을 떨어뜨리며 주거 만족도를 악화시키는 원인이 된다. 생활 공간의 회복을 위한 도로 용도의 다양성을 구현하고 공동체를 활성화하기 위한 교통소음 감소 대책이 부재하면 종국에는 막대한 정부 보조금의 투입을 요구하는 재개발 사업, 가로주택 정비사업 등의 압박으로 돌아온다.[126]

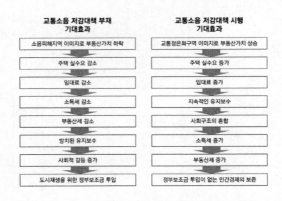

□ 소음 방지 대책의 부재 또는 시행 시 파급 효과

이륜차의 굉음이나 자동차의 통행 소음으로 야간의 휴식 내지는 음향적 고요를 보장받지 못한다면 손해 비용은 어떻게 매길 것인가? 수면 장애로 인한 자율신경계의 질환을 치료하거나(사람마다 질환의 유형과 정도가 다르지만) 사비를 들여 고성능 방음창을 설치하거나 조용한 공동주택 단지로 이사하는 등(경제력이 있는 세입자는 조용한 주거지를 선호) 다양한 방식으로 피해 비용을 추정할 수 있겠으나 피해 비용 산정 방법론 정립은 수월하지 않다. 자동차 교통의 사회경제적 피해 비용을 유발하는 원인은 대기 오염, 온실가스, 교통소음, 혼잡, 교통사고, 토지 이용에 따른 생태계 및 경관 질의 변화 등이 있으며, 이에 영향받는 대상과 피해 유형도 다양하다.

사회경제적 피해 비용 분석은 외부 효과를 일으키는 항목을 추가하고 실제 시장가보다 암묵적 가격에 기초하여 편익과 비용으로 비교하는 방법을 적용한다. 사회경제적 피해 비용은 내재적 비용과 외재적 비용으로 구분한다.[126]*

내재적 비용은 시장 가격에 반영되어 당사자 개인이 직접 지출하는 비용이고, 외재적 비용은 제삼자의 경제 활동이나 생활에 영향을 미치나 시장 가격에 반영되지 못한 비용을 의미한다. 내재적 비용에는 교통사고로 인해 발생하는 행정 처리 비용, 차량 손실 비용, 생산 손실 비용, 의료 비용, 심리 비용(PGS)[53), 혼잡으로 인한 연료의 소비액 등을, 외재적 비용에는 대기 오염으로 인해 발생하는 질병, 생태계 훼손, 교통 혼잡으로 인한 시간 손실 비용 및 교통소음에 의한 피해 비용 등을 포함한다.

쉬라이어 Schreyer 등(2007)은 내재적 요인이 포함되어 있음에도 모두 외재적 비용으로 평가하였는데, 왜냐하면 실제로 당사자 개인이 지출하는 비용이라 할지라도 그 비용을 외재적 비용을 평가하기 위한 대리적인 의미로

---

53) 1993년 영국 교통부가 정신적 피해 비용을 내재화한 개념으로 Pain, Grief, Suffering의 약자이고 사고 심도에 따른 영국의 비율 원칙을 국내에서 단순 적용해오다 2004년에 한국형 심리 비용 모델을 개발하였다.[6]

간주하기 때문이다. 국내는 교통에서 발생하는 피해를 교통사고, 대기 오염, 교통소음, 혼잡, 총 네 가지로 구분하여 사회경제적 피해 비용을 약 34조 원, GDP의 7%로 추정한 바 있다.[21]

독일 연방환경청은 교통에서 발생하는 사회경제적 피해 비용을 교통사고, 교통소음, 대기 오염, 온실가스, 자연, 경관, 혼잡, 기상변화의 총 여덟 가지로 구분하여 1,312억 유로를 추정하였고, 이는 독일 GDP의 7.4%에 해당한다.[191] 피해 비용 요인에 대한 국민 인식의 차이가 총 피해 비용의 차이를 만드는 것이다.

교통소음의 외재적 비용은 방지 비용법, 회피 비용법, 재산 손실법, 가상 가치 평가법, 명시 선호법 등으로 평가한다. 방지 비용법은 신도시 건설로 발생하는 추가 소음을 줄이기 위해 투입해야 하는 비용을 산출한다. 회피 비용법은 환경 민원으로 제기된 교통소음 자체를 줄이기보다는 소음의 크기를 감소시키려는 방법으로 이중창을 설치하는 비용이 이에 해당한다. 재산 손실법은 교통소음이 주택의 거래 시장 가격에 미치는 영향을 분석하는 방법이다. 가상 가치 평가법은 직접적인 피해 또는 편익의 정도를 화폐 가치로 응답하는 방법이다. 명시 선호법은 지불의사액(약칭 WTP)을 직접 묻기보다 두 개 이상의 상황을 쌍대 비교하여 선택한 결과로 지불의사액을 유추하는 방법이다.

교통소음 1dB을 완화하기 위해서 지불 의사를 조사한 사례를 보면, 교통 정온화를 위한 도로 시설 투자에 인당 평균 58,000원을 지불할 용의가 있고 주간 소음이 1dB 증가 시 교통정온화 시설 투자는 18,000원, 야간 소음 1dB 증가 시 비용 지불 의사는 20,000원 정도 추정하였다.[174]

휴식을 방해받는 경우의 소음 피해를 설명하는 계수는 노출 시간의 5%를 초과하는 레벨 L5 또는 라우드니스 N5를 사용한다. 수면을 방해받는 경우는 등가소음도 ^{Leq} 나 데시벨(dB(A)) 또는 백분위 레벨(L1, L10, L90)보다는 50dB을 초과하는 자극 비율(T50)이 설명력이 훨씬 좋기 때문에 피해 비용 평가는 적용 계수에 따라 다르다.[117]

마찬가지로 간선도로의 교차로 주변 고층 아파트 단지 주민이 겪는 피해 비용은 수면 보장에 필요한 대책에 투입하는 비용으로 추산한다. 도로변에 방음벽을 설치하거나 우회도로를 신규 건설하는 비용으로 피해 비용을 계량화할 수 있다.

교통소음의 사회경제적 손실의 마이너스 비용 요인 외에 플러스 요인도 있다. 고성능 방음창 설치로 동절기 난방비가 절감되거나 명품 아파트로 자산 가치가 상승한다면 피해 비용을 상쇄할 수 있다. 교통소음의 피해 방지에 투입하는 재원의 확보를 위하여 원인자 부담 원칙을 적용한다면, 예컨대 승용차 대당 1㎞ 주행 시 환경 부담금으로 100원을 세원으로 거둬들이는 논리를 만들 수 있다. 특히 한 대의 화물차가 배출하는 소음은 열일곱 대 승용차의 소음 배출과 맞먹기에 배기가스 환경 부하가 높은 차량의 등급별 통행을 단속하는 녹색교통관리지역처럼 화물차의 통행 억제를 위한 교통소음관리지역에 소음 한계 비용 징수를 고려할 수 있다.

보행자 중심 도시 정책으로 도시 교통 주행 거리 총량을 정하고 대당 연간 도시 교통 주행 거리를 억제하는 밤 10시부터 아침 6시까지 특정 구간 통행을 금지하거나 주거지와 연접하며 상시적 지정체가 발생하는 구간에 도시형 무인 톨게이트를 설치하여 통행량을 절반으로 감축하는(영국 런던 교통청은 초저배출존$^{Ultra\ Low\ Emission\ Zone(약칭\ ULEZ)}$ 통행세 징수로 통행량 40% 감축) 과감한 교통 행정을 지자체에 기대할 수 있을까?

교통 물류 환경이 지속적으로 변하고 있다. 노년층과 1인 가구의 비중이 늘면서 주택의 관념이 바뀌고 개인 이동의 다변화는 시간 개념과 생활 방식을 바꾼다. 전염병의 일상화는 재택근무를 상식으로 만들고 인터넷 상시 접속에 의한 야간 각성 문화는 교통소음에 대한 반응을 더욱 예측하기 어렵게 만들 것이다.

7.1 주택의 가치

주거 환경 내 녹지대, 조경, 건축 등 도시 외관의 미학이 교통소음을 덜 짜증스럽게 만들까?

이와 관련한 흥미로운 실험이 있다. 스위스와 독일의 두 도시에서 24개 주거지 도로를 대상으로 소음을 측정한 후 도로 촬영 사진을 피험자에 제시하여 소음 성가심 수준을 평가하도록 하였다. 그 결과, 도로 외관의 시각적 매력도 내지는 편안함이 교통소음의 주관적 레벨을 5dB 떨어뜨리는 효과가 있는 것으로 나타났다.[100]

도로 이미지, 예컨대 녹지대, 노상 미니 공원 Parklet[54], 건물 외관의 디자인 등이 시각적으로 편안하고 아름답게 느껴지는 도로는 소음 민원을 완화할 수 있다. 주거지의 품질과 만족도 등 소음 자극과 무관해 보이는 요인을 이해할 필요가 있다.

교통소음 민원이 많은 지역의 부동산 가치는 그렇지 않은 지역의 부동산

---

54) 「도시지역도로 설계지침」에는 보도 폭을 넓히고 차도 폭을 축소하여 도시 내 도로변에 미니 공원 조성을 권장한다. 공공도로 미니 공원은 파크렛parklet으로 불리우기도 하는데, 30존이나 교통정온화 구역 내 차도의 노상 주차면을 벤치, 테이블 등 사회문화적 시설물을 설치하여 휴식 공간으로 활용하거나 공공도로 노천카페 (2021년부터 식품위생법 개정으로 공공도로 옥외영업 허가제 시행) 활성화로 보행자 중심 도시의 이미지를 구축하는 정책이다.

가치보다 높을까, 낮을까?

실제로 이러한 질문을 학술적으로 연구한 사례가 많다. 사회경제적 및 인구학적 구조, 임차인의 비율 등이 교통소음 민원 비율과 연관성이 있다. 1988년 베를린 주정부 환경청은 시민이 주거지를 변경하는 요인을 두 가지로 보았는데, 하나는 교통소음이고 다른 하나는 조용한 주거 환경이었다.[141] 특히 도심 거주자의 도시 외곽 이전의 1차 동기가 교통소음으로부터의 탈출이었다. 넓은 주거 공간과 생활환경의 개선이 그 뒤를 이었다. 젊은 층이 조용한 주거 환경을 찾아 이동하는 비율이 높았고, 나이가 들수록 교통소음을 감내하는 것으로 나타났다. 흥미로운 점은 주택 소유자와 달리 임차인의 경우에는 나이가 많아도 교통소음 회피를 위한 이사가 활발하게 이루어진다는 것이다. 또한 소득 수준이 높을수록 조용한 주거 환경으로 이동하는 경향이 강했다.

그렇다면 주택을 소유한 노년층이 교통소음에 시달리면서도 이사를 하지 않는 이유는 무엇일까? 이유는 오래 머문 집과 생활 공간에 대한 정서적 애착 외에도 경제적 궁핍이 있었다. 그들은 교통소음에 심신이 시달려도 스트레스와 무기력을 감내할 뿐이다.

독일의 부동산 시장에서 음향적 고요(조용한 주거 환경)를 구매하기 위해 도심에서 외곽으로 이동이 시작된 시기가 자동차 중심 도시를 지향하는, 도로 폭원을 확대하고 교통 서비스의 신속성과 쾌적성을 강조하기 시작한 60년대부터이다. 조용한 주거 환경이 주택 구매 비용 요인으로 작용하는 시점이 70년대라는 것을 유념해야 한다. 왜냐하면 우리나라는 2021년부터 교통류와 속도를 중시하는 자동차 중심 도시에서 속도보다 안전을 우선하는 보행자 중심 도시로의 전환을 선언했기 때문이다.

독일 쾰른시는 1977~1981년 기간의 부동산 거래 데이터를 분석하여 교통소음 70dB(A) 주택을 50dB(A) 주택과 비교하였더니 10% 평가 절하된 것을 확인하였다.[109] 이는 5억짜리 주택을 내놓아도 이는 교통소음 수준에 따라 많게는 5천만 원이 평가 절하될 수 있고, 교통소음이 1dB(A)씩 증가할수록 주택 구매력은 250만 원씩 낮아진다는 것을 의미한다. 미국에서도 교통소음의 부동산 할인율에 대한 헤도닉 Hedonic 주택 가격 모형 연구가 있는데, 교통소음이 10dB(A)씩 증가하면 부동산 가치는 1.5%씩 하락하는 것으로 분석한 바 있다.[119]

우리보다 50년을 앞서 교통소음과 부동산 시장의 역학 관계를 경험한 독일을 바라보면서 향후 10년 내 조용한 주거 환경을 부동산 구매의 1순위 비용 요소로 꼽는 관점이 국내에도 생길 것으로 짐작한다. 수요가 공급을 초과하지 않는다면 고속 국도변에 건립된 신규 고층 아파트 단지는 제값을 받고 팔리지 않을 수 있다. 비록 수요가 공급을 초과하더라도 교통소음 유발 지역의 구매력은 낮을 수 있기에(향후 교통영향평가 또는 환경영향평가에 교통소음 유발 부담금 개념을 도입할 필요가 있다.) 공급자는 교통소음의 주거 환경 침해 문제에 대해 눈가리개용으로 미끼상품(지하철역 신설, 유명 커피점 입점, 수영장/노천 사우나, 공원 조성 등)을 쏟아낼 것이다.

독일경제연구소(ifo)가 흥미로운 연구 결과를 발표하였는데, 국가임대주택 Sozialwohnung [55]의 제곱미터당 임대료가 낮을수록 교통소음이 높아진다는 가설을 검증하였다. 교통소음이 심각한 도심에 있는 낮은 임대료의 국가임대주택에는 외국인 이주 노동자나 난민이 입주하는데, 이들이 교통소음의 최대 피해자가 되는 것이다.

---

55) ifo-Schnelldienst 11/88: Muenchen 1988

건축사는 임대주택의 환경적, 사회적 품질의 균형점을 찾아 소음 피해를 최소화하는 조치를 해야 한다.[198] 예컨대 침실은 도로변을 등지고 배치하되 아침에 햇빛을 받고 발코니는 도로변을 향하더라도 오후에 햇빛이 들어오게 하며, 노상 미니 공원을 조성하여 도심의 슬럼화를 막고 음향적 사생활을 보장하여야 한다.

소음 수준을 표현하는 데시벨은 라틴어의 균형을 의미하는 리벨라^{Libella} 에서 생겨난 말로 시대에 따라 공정, 정직, 절제, 증가의 중지 등으로 해석하기에 데시벨은 사회심리학적 의미를 함축한다.

캐나다에서는 주택 소유와 주택 형태(가족 규모), 예컨대 대가족인 임차인과 소가족인 주택 소유자가 동일한 교통소음에 대한 반응의 차이가 있는지를 조사하였는데, 가족 규모와 주택 소유가 교통소음의 반응 양태에 특별한 영향을 미치지 못하는 것으로 나타났다. 이를 근거로 주택 소유 비율에 따른 소음 방지책의 차별화는 공정하지 않다는 결론을 내렸다.[185]

은퇴하고 소박한 삶을 꿈꾸는 중년의 부부가 이사를 고려하거나 어렵사리 아기를 낳은 젊은 부부가 태어나서 처음으로 집을 장만하려 주택을 고른다면 교통소음은 결정적 요인으로 작용할 수 있다. 재정적으로 지불 의사가 충분하다면 음향적 고요가 보장되는 주거지를 선택할 수 있지만, 재정의 한계에 봉착한 부부는 시끄러운 환경의 주택을 떠안게 될 것이고, 이를 국민경제적 분배의 공정성으로 치부할 수는 없을 것이다. 왜냐하면 수면을 방해받지 않을 권리는 누구나 보장받아야 하기 때문이다. 따라서 소음 방지 정책은 교통소음을 피하고자 이사하고 싶어도 경제적인 사정으로 이행이 어려운 경우가 많기에 가구가 밀집한 지역을 파악하여 적어도 수면을 보장할 수 있는 방안을 마련해야 한다. 행여 도저히 견디기 어려워서 조용한 주택가로 이사를 고려하는 민원인이 있다면 아래의 여섯 개 체크 포인트를 챙기길 바란다.

첫째, 이사하려는 주택가의 주간과 야간 시간에 교통소음을 측정한다. 이때 주야간 자동차의 통행 밀도(시간당 대수)로 평균을 구하는 것을 잊지 않는다. 낮에 배경 소음이 높아 인식되지 않다가 밤이 되면 다른 집이 될 수 있다.

둘째, 주야간 화물차의 통행 비율(시간당 통행 대수 중 화물차의 비중)을 점검한다. 10%를 넘으면 수면 장애로 성격이 변할 수 있다.

셋째, 주간과 야간 시간에 규칙적 혹은 불규칙적 이륜차의 굉음을 꼭 측정한다. 소음 민원의 상당수는 야밤의 이륜차 배기 소음과 경적이 원인이다.

넷째, 입주하려는 공동주택 창문의 개폐를 통해 방음 효과를 확인한다. 지하철역이 가까운 역세권, 또는 슬리퍼를 신고 모든 생활권이 가능한 슬세권 등 프리미엄에 정신줄을 놓지 말고 건설사가 창문 등 내장재의 품질에 신경을 썼는지를 계약 전에 꼼꼼히 살펴본다.

다섯째, 반려동물을 통한 심리 치료를 권한다. 반려동물을 접촉하거나 키우면 혈압이 내려가고 스트레스 호르몬 수치가 낮아지고 우울과 두려움이 완화될 수 있다.

여섯째, 자신의 인지 습관을 냉정하게 관찰한다. 교통 문명이 감추고 있는 근대적 풍경의(토마스 스트루스 Thomas Struth 의 '시대와 조우하는 풍경' 사진을 보면서) 아름다움을 찾아 심미적 취약점을 보완한다.

7.2 휴양지 매력도

관광지 매력도를 결정하는 요소는 풍경, 먹거리, 스포츠 레저, 쇼핑 외에도 교통소음이 있는데, 교통소음은 관광업 이윤에 부정적인 영향을 미칠수 있다. 이와 관련하여 1996년에 독일(바이에른), 오스트리아, 이탈리아(티롤) 등 16개 관광지의 65개 숙박업소를 대상으로 품질 평가를 한 연구는 참고할 필요가 있다.[115] 관광객의 50%는 교통소음이 덜한 방으로 교체를 요구하였고, 16%는 교통소음이 있는 경우 즉시 숙박업소를 떠났고, 41%는 교통소음이 있는 방에 머물렀으나 다음 시즌 예약을 하지 않았다. 관광지의 소음 공해, 즉 자동차 교통에 의한 소음은 휴양지를 찾으려는 관광객의 호텔 예약률을 떨어뜨리는 요인으로 작용한다. 특히 교통소음 공해에 대한 비판적 의식이나 민감도가 높아질수록 관광지의 선호도가 달라질 수 있다. 위 사례는 교통소음이 높을수록 숙박업소의 예약률이 낮거나 방값이 떨어질 수 있다는 것을 보여준다.

다른 한편으로 휴양지에서 가벼운 레저 활동 시 교통소음이 높을수록 심리적 긴장감도 높아지는 것으로 보고된 바 있다.[162]

교통의 환경 품질, 즉 교통소음을 줄이는 것이 숙박 시설에 대한 점유율과 회전율을 높이고 관광지의 발전을 도모할 수 있다.

교통소음의 사회경제적 손실 비용 연구는 주로 항공 소음에 국한되어 1960년대 후반부터 본격적으로 시도되었고, 이착륙 소음의 사회 비용 모델이 다양하게 제시되었다. OECD는 항공 소음의 외부 비용 즉 항공 교통에 의해 파생되는 피해 비용을 상쇄하는 한편 항공사에 친환경 운행을 독려하기 위해 환경 부담금을 권장하였다. 국제공항마다 이착륙 소음에 대한 추징금, 할인, 벌금 등 자체 규정을 운영하고 있다. 항공기별 소음 범주에 따라 착륙 요금을 부과하는데, 예컨대 주간 착륙에 대한 추징금은 적게는 17유로(로마)에서 많게는 406유로(쉬폴) 편차가 있고, 야간 착륙은 주간보다 20% 더 추징한다. 야간 이착륙 비행기의 음향 범주에 기초하여 추징금을 부과하고 수익을 소음 방지에 투입하는 국가는 프랑스, 독일, 이탈리아, 네덜란드, 영국 등이다.[133] 특히 네덜란드 쉬폴 Schiphol 공항의 경우 공항과 정부가 이중으로 부과하고 수익은 소음 방지 대책에 투입한다.[133]

소음가치절하지수 Noise Depreciation Index(NDI) 는 데시벨당 주택 가치 감소율을 말하는데, 항공 소음이 부동산 가치에 미치는 영향을 NDI 0.31~0.62% 범위로 추산하였다.[45] 방법론에 따라 소음 빈도의 경우 NDI = 0.5%, 소음 노출의 경우 NDI = 0.7%, 지불 의사의 경우 1.5~2.4% 등 평가 결과의 변동성이 크다.[133]

---

56) 사회 비용 추정 방법론은 간접적인 관련이 있는 현시 선호revealed preference 기반 속성 가격법hedonic price method(HPM) 또는 직접적인 관련이 있는 명시 선호stated preference 기반 조건부 가치 측정법contingent valuation method(CVM) 등이 있다.

08

음향적 고요의 평가

소음은 인간이 들을 수 있는 주파수대에서 발생한 소리로 고요함, 또는 의도한 음향 인지를 방해할 수 있고, 짜증을 유발하거나 건강을 위협할 수 있다.[57] 프레스 Fraisse(1957) 는 시간 인지 이론에서 심리적 현존을 느끼는 감각의 통합 시간을 2.5초 가정하였고, 베버 Weber(1990) 는 0.5~1.5초를 제안하였다. 야간 휴식을 위한 음향적 고요와 관련하여 독일(VDI 2058)은 주간 대비 6dB(A), 미국은 10dB(A) 낮출 것을 권고한다.[160]

그런데 다양한 종류의 교통소음이 동시에 작용하고 특정한 교통소음이 두드러진 휴지 休止 를 가질 때 소음 휴지기는 2배수 더 길게 느끼고 지속적인 소음은 2배수 더 시끄럽게 느낀다. 예컨대 철도 소음이 휴지기에 있을 때 도로 소음이 더욱 성가시게 들리고, 도로 소음이 배경 소음으로 등장할 때 철도 소음은 상대적으로 덜 짜증스럽게 느낄 수 있다.

음향적 고요에 대한 인간의 반응은 물리학과 심리학의 경계 현상이다. 교통소음은 대략 4~5분 정도 멈출 때 인간은 소음 휴지를 인식할 수 있다. 물론 소음 휴지기에 좋아하는 일에 매진한다면 소음 휴지기는 거의 인식되지 않을 것이다.

8.1 소음과 고요

소음에 시달려 본 경험이 있는 자만이 진정으로 고요의 가치를 알 수 있다. 소음은 시끄러운 것이고 고요는 조용한 것인가?

청정한 공기, 맑은 물과 같이 조용한 환경은 인간의 기본 욕구이다. 정적은 음의 부재를 말하지만 고요는 우리가 휴식을 취하거나 편안하게 느끼

---

57) DIN 1320에 소음을 다음과 같이 정의하고 있다. "Noise is sound occuring within the frequency range of human hearing which disturbs silence or an intended sound perception and results in annoyance or endangers the health"

는 음 환경을 표현한다. 치열한 귀향을 위해 거슬러 올라가는 연어의 강은 80dB의 시끄러운 소리를 내지만 강을 바라보는 인간에게는 고요한 풍경이다. 이때 고요는 음압이나 라우드니스의 문제가 결코 아니며, 음향과 음향을 둘러싼 환경의 질에 대해 질문하는 것이다. 마찬가지로 고속 국도가 아니라 공원이나 호수가 내려다보이는 공동주택의 지저귀는 지빠귀의 소음은 60dB을 넘지만 조용한 주거 환경으로 인식한다.

소음의 피해를 얘기할 때 우리가 흔히 듣는 낱말은 데시벨이다. 교통소음의 강도와 영향을 평가하는 통상적인 단위는 음압 레벨로 음향 에너지를 표현하는 척도다. 등가소음도(Leq) 또는 평균소음(Lm)으로 표현하는데, 문제는 이러한 단위 표시는 소음 수준을 알려주지만, 음향적 고요를 얼마나 보장하는지는 알 수가 없다. 왜냐하면 음압 레벨은 소음과 고요의 시간적 관계성에 대해 알려줄 것이 없기 때문이다. 음압 레벨은 같으나 소음 인지가 다른, 예컨대 시간적 연속성을 갖고 레벨의 변동이 크지 않은 도로 소음과 달리 시간적 격차를 두고 스파이크처럼 발생하는 철도 및 항공 소음은 물리적 특성만으로는 인지 내용을 설명하는 데에 한계가 있다. 왜냐하면 음향 자극이 배달하는 메시지가 휴식과 휴양이라면 인간은 고요를 느낄 수 있기 때문이다.

음향적으로 조용하고 편안한 환경은 소음을 통해 전달된 환경에 대한 정보와 정보의 주관적 평가에 따라 소음, 혹은 고요함이 될 수 있다. 소리는 단지 심부름꾼에 불과하고 원치 않는 심부름이 소음이 되는 것이다. 심부름꾼(음압)이 휴식과 긴장 완화라는 심부름(정보의 평가)을 배달하면 고요함이 될 것이고, 짜증과 위험을 배달하면 소음이 될 것이다.

도시의 복잡한 환경에서 탈출하여 맑은 계곡물이 흐르고 새가 지저귀는 산골짜기를 찾거나 인적이 드문 백사장의 제주도에서 우리는 심신의 휴식

과 천국의 고요함을 만끽할 수 있다. 그곳에서 음압을 측정하면 대략 68~
70dB(A)이 나온다. 그러나 이 음압 수치는 바로 고속도로변 공동주택의 음
압과 맞먹는다! 휴양지의 음향적 고요는 음압의 문제가 아니라 소음과 환
경의 질과 관련이 있다.

고요는 자연의 평화로운 소리를 의미한다. 교통소음에서 완전히 벗어
난 도시 외곽에 아늑하게 세워진 전원주택도 예외는 아니다. 특히 초봄과
여름에 수많은 종류의 새들의 지저귐과 밤중에 울어대는 개구리 소리, 매
미 소리, 새벽에 울어대는 까마귀, 비둘기, 까치의 울음소리는 음압을 간혹
70dB(A)까지 올려준다. 이것은 텔레비전, 라디오, 보일러, 세탁기, 냉장고
등이 가동되는 동안의 집안의 평균적인 음압 레벨에 버금가는 것이다.

교통소음에 어떤 행위나 과제의 수행이 방해받지 않을 허용치에 대해서
는 상당한 이견이 존재한다. 통상 60~65dB(A) 정도를 성가심이 증가하는
경계치로 보는 편이다. 그러나 로빈슨 ^{Robinson} 은 4m 거리에서 조용한 담소를
하려면 교통소음은 48dB(A)를 초과하지 않아야 한다고 주장하였고[156], 베
라넥 ^{Beranek} 은 거실에서 텔레비전이나 라디오를 잘 청취하려면 교통소음은
45dB(A)를 넘지 않아야 한다고 하였다.[33] 라인홀트 ^{Reinhold} 는 수면을 보장하
는 관점에서 55dB(A)을 방음창 설치의 적합성을 판단하는 기준으로 삼을
것을 제안하기도 하였다.[149]

소음 민원의 역사는 '합리성의 허용치'에 대한 고단한 논증의 역사를 갖
고 있다. 특히 합리성을 규정하는 '상당한 성가심 $^{Considerable\ Nuisance}$'을 입증하는
학술적 헤게모니의 쟁탈전이기도 하다.[104]

8.2 음향적 고요의 평가

쾌적한 여름 저녁에 당신이 오랜 벗과 함께 베란다에서 막걸리를 마시며 담소를 한다고 가정해 보자. 당신은 1초의 공군 전투기 소음과 한 시간 동안의 세탁기 소음 중 어떤 소음을 선택하겠는가? 아마도 1초의 공군 전투기 소음을 선택할 것이다. 왜냐하면 1초만 견디면 나머지 시간은 소음에서 해방될 것이기 때문이다. 비록 두 음향 사태의 음압 레벨은 같더라도 말이다. 소음, 고요, 정적의 경계가 불분명한 스펙트럼에서 같은 데시벨은 고요 또는 소음 모두 가능하다.

소음과 고요를 구별하는 음압 측정기는 존재하지 않는다. 인간이 라우드니스를 인지하는 속도는 음압 측정, 혹은 음향 에너지 측정보다 훨씬 느리다. 우리의 청각은 음향 측정기처럼 장시간의 음향 에너지를 저장하여 평균을 구할 수 있는 능력은 없으나 고요와 소음의 시간적 분포는 인지할 수 있다. 115dB(A) 소방차가 사이렌을 울리고 10초간 음압 레벨을 측정하면 105dB(A)이 된다. 음압 레벨을 10의 제곱승으로 나눌 때마다 10dB(A)씩 감소한다. 음압 레벨이 65dB(A)로 회복되기까지 하루가 지나야 하고 한 달 후 55dB(A)에 이른다. 3년이 지나야 비로소 35dB(A)에 도달하기에 이론적으로 1초의 소방차 사이렌으로부터 완전한 고요에 이르기까지 3년 동안 한 대의 소방차도 지나가서는 안 되는 것이다.[65]

종일 음압 레벨이 50dB(A)인 도로 소음에 노출된 주민의 소음 스트레스는 96분간 60dB(A)의 철도 소음에 노출된 주민보다 스트레스가 상대적으로 낮을 수 있다. 마찬가지로 80dB(A)의 편대 비행 전투기 폭음에 0.96분 노출되는 것이 70dB(A)의 군집 주행 이륜차 굉음에 9.6분 노출되는 것보다 훨씬 성가시게 느낄 수 있다.

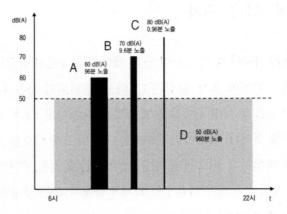

□ 평균 소음, 노출 시간을 고려한 소음 민원 예측 (C 〉 B 〉 A 〉 D)

　25m 이격 거리에서 한 시간에 50km/h 속도로 통과하는 2,000대 자동차의 음압 레벨은 65dB(A)이고, 이는 같은 거리에서 한 시간에 160km/h 속도로 한 번 지나가는 고속 열차의 음압 레벨과 같다. 음향 측정기의 문제점은 2,000대 자동차와 한 대 고속 열차가 지나갈 때의 음압 레벨이 같고, 고요함을 소음으로 대체해도 음압 레벨은 변하지 않는다는 것이다!

　55dB(A) 이하에 음향적 고요가 존재하는데, 우리의 귀는 고요함과 소음의 시간적 분포를 인지할 수 있다는 사실에 근거한 시계로 고요함의 정도를 파악할 수 있다. 만약에 어떤 소음이 한 시간에 XdB(A) 음압 레벨을 가진다면 소음이 배제된 휴지 기간은 시간당 Y% 들어있다고 말할 수 있는 것이다.

　소음과 소음 사이에 우리가 분명히 감지하는 소음이 아닌 상태, 즉 고요함이 차이를 만든다. 물론 소음 휴지 기간을 반영한 백분위 음압 레벨이 있다. 예컨대 L90은 기초 음압 레벨이 전체 시간의 90%를 초과한 경우의 평균 소음을 의미하지만, 비소음 시간이 얼마나 잘게 쪼개져 있는지, 비소음 시간의 간격이 얼마나 긴지는 알려주지 않는다. 이와 관련하여 휴지^{休止} 레벨^{Pause Level}이 제안되었는데, 소음을 분 단위로 쪼개서 최고치와 최저치를 측정하여 평균을 구한 후 평균 레벨을 넘지 않는 소음 단위의 최저치의 합으로 휴지 레벨을 추정한다.[58] 그러나 소음의 휴지는 소음이 중단된 상태 내지는 인지된 고요함으로 설명될 수 있는데, 물리적인 소음 휴지와 관능적으로 느끼는 고요함의 관계성을 규명한다면 소음 성가심 내지는 고요함을 보다 정확하게 진단하는 척도를 제공할 수 있을 것이다.

분명한 것은 교통소음을 10dB 낮춰서 고요함을 채웠다고 말할 수 없다는 점이다. 우리는 기술적 과정에서 생성되는 기계 소음을 음향적 쓰레기로 분류할 수 있다. 그러나 같은 기계 소음이 우리의 수면을 방해한다면 '원하지 않는 소리'가 된다. 소음과 고요의 구분을 이해하기 위해 좀 더 설명하겠다.

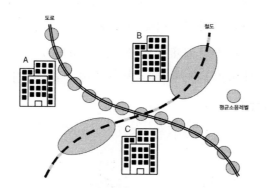

□ 철도의 음압 레벨이 도로보다 크고 소음 피해는 C 〉 B 〉 A

---

58) 휴지 레벨의 공식은 다음과 같습니다.

$$PP(w) = \frac{w}{\lg 2}\lg\frac{1}{N}\sum_{i=1}^{N}10^{\frac{(100dB-\hat{L}_i)\lg2}{w}}dB.$$ $\hat{L}_i$ 분당 최고 레벨, N분 단위 개수, w 등가 요인. 등가 요인은 고요하다고 느끼는 시간이 얼마의 데시벨에서 원래 레벨의 절반 수준의 고요함 시간과 같아지는지를 표현합니다.

레벨/시간 매트릭스를 토대로 고요함 척도(silence index)는 다음과 같습니다.

$$RI(w) = \frac{w}{\lg 2}\lg\sum_u\sum_j n_{ij}D_j10^{\frac{(100dB-L_i)\lg2}{w}}d,$$ nij 시간 Di를 갖는 레벨 Li 아래에 있는 시간의 수, i 레벨 등급, j 시간 등급(1분...16시)(Finke, 1980)

철로 변에서 25m 떨어진 고층 아파트 단지 앞을 매시간 열차가 지나가면 등가소음도 65dB(A)이다. 열차 소음의 최대치는 6초간 유지되고 열차 소음 총길이는 2분이다. 2분간 원하지 않는 소음과 58분의 고요함이 보장되는 것이다. 이제 같은 음압 레벨을 갖는 2천 대의 승용차가 매시간 통과하는 도로변에서 25m 떨어진 고층 아파트 단지를 상상해보자. 몇 분의 고요함을 얻을 수 있을까?

철도 소음의 경우 97%의 음향적 고요를 얻을 수 있지만 도로 소음의 경우에는 원하는 고요함의 시간은 0%다. 소음 스파이크가 적을수록 소음 휴지기가 길어지고 소음 성가심도 감소할 수 있다. 따라서 소음 민원이 발생하면 소음과 고요를 분리해서 평가할 필요가 있는 것이다. 왜냐하면 등가소음도$_{Leq}$는 소음 스파이크를 과대평가하기 때문이다. 고요한 시간을 토대로 휴식 레벨을 평가해야 비로소 소음 민원을 제대로 이해할 수 있다. 평균 소음은 같지만 고요한 시간의 비중 차이가 소음 민원을 결정하는 요인인 셈이다. 평균 소음은 레벨 아래에 있는 소음을 10dB(A)까지 평가하지 않기에 고요한 시간의 비중을 무시하게 되고 현장에서 탁상행정의 소음 방지책을 추진하게 만든다.

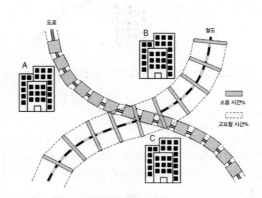

□ 철도와 도로의 소음 시간 비율과 고요함 시간 비율이 상이하고 소음 피해는 C > A > B

음향적 고요의 측정 방법과 관련하여 플라이셔 Fleischer 는 소음의 시간적 비율과 고요의 시간적 비율로 휴식 레벨을 구하는 것을 제안하였다. 예컨대 철도 소음은 노선을 따라 시간의 10%는 소음, 90%는 고요함으로 '휴식 레벨 = 9'로 평가하고 도로 소음은 소음 시간이 75%, 고요함의 시간은 25%로 '휴식 레벨 = 2.5'로 철도 소음이 도로 소음보다 휴식 레벨이 높고 음압 레벨은 상대적으로 낮다고 평가한다.[67]

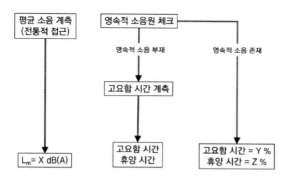

□ 음향적 고요의 측정 (Fleischer, 1979)

소음 민원을 제대로 평가하기 위해서는 기존의 물리 음향 파라미터 외에도 새로운 심리 음향 파라미터(고요함/휴양 시간의 비율)를 도입할 필요가 있다. 음압 레벨의 최대치와 최소치를 설정하듯이 휴식 레벨의 최대치와 최소치의 기준이 필요하다. 음향적 고요의 시간 비율의 최소 기준은 평균 소음처럼 주거 지역, 상업 지역 등 토지 용도를 고려하여 주야간 최소치를 고민할 때가 되었다. 예컨대 요양원, 휴양지 등 휴양 시간의 최소 기준은 어느 정도가 적정한지, 노인 인구가 밀집한 주거 지역은 일반 주거 지역보다 몇 배의 휴양 시간을 의무화할지, 학교 주변 반경 500m 내 학습을 방해하지 않는 고요한 시간의 최소 기준 등등. 만약에 노인 밀집 지역의 주간에는 50%, 야간에는 90% 휴양 시간을 보장하려면 화물차, 버스, 이륜차 등 통행 금지 시간을 두거나 전기(수소) 자동차만 노상 주차장을 이용하게 하거나 교통정온화 시설을 설치하는 등 다양한 도로 교통 대책의 융합 설계가 필요할 것이다.

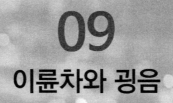

09
이륜차와 굉음

꿩음의 '꿩'은 한자로 '轟'으로 표기하고 원래 마차 소리의 울림을 표현한 말이다. 과거 사람들은 마차가 한 대가 아니라 석 대가 동시에 달리면 소음으로 인식한 모양이다. 눈치 빠른 독자는 아마도 '꿩轟'의 한자어 표기에 소음의 해결책이 들어있음을 간파했으리라 생각한다. 그런데 대수를 줄이면 '꿩음轟音'이 '활음滑音'이 될 것인가?

ㅁ 이륜차의 주야간 꿩음 문제

이륜자동차(이하 이륜차) 꿩음은 주로 굽은 도로에서 두드러지는데 직선로 주행과 대비하여 커브 진입 시 배기 소음은 4.4dB(A), 진출 시 12.9dB(A) 급증한다.[148] 유럽연합의 경우 이륜차 배기 소음의 커브 할증 문제에 대한 라이더(업계는 배달 라이더와 구분하기 위해 바이커로 표현) 인식 개선과 관련하여 현수기, 문자표시기 Dialog Display 등을 통해 다양한 계도용 메시지('돼지처럼 운전하지 마세요', '멍청이가 되지 말자', '조용히 운전하자')를 표출하는 캠페인을 시행하고 있다.[212]

ㅁ 유럽연합의 이륜차 꿩음 방지 캠페인 (좌: 돼지 운전 금지, 우: 정숙!)

라이더에 대한 시민의 부정적인 이미지를 부각하여 스스로 자정하는 자세를 유도하는 것이다. 청소년의 학습 환경의 보호를 위한 저속 운행을 호소하고, 라이더에게 소음과 건강의 관계에 대한 인식을 높이며, 문자표시기에 통과 속도를 표시하기보다는 저속 주행 라이더에게 고마움을 표현하는 등 라이더에 대한 사회적 인식 실태를 알리고 굉음이 결코 멋진 행위가 아니라는 메시지를 다각화하는 흐름이다.

▫ 이륜차 굉음은 태도의 문제

9.1 굉음의 차원

소음 스트레스에 지대한 영향을 미치는 요소로 차량의 가속도를 들 수 있는데, 속도는 떨어뜨리고 가속도를 끌어올리면 더 시끄럽게 느껴진다. 소음기 Silencer 를 달지 않은 승용차나 이륜차가 야밤에 굉음으로 우리를 괴롭히는 주범이기도 하다. 특히 불규칙한 속도 행위가 두드러지는 신호교차로 주변 공동주택은 소음 민원이 빗발쳐 지자체, 자치 경찰, 한국교통안전공단이 이륜차 불법 튜닝 합동 단속을 수시로 벌이기도 한다.[21]*

□ 이륜차 소음기 및 등화장치 불법 튜닝 단속

문제는 라이더가 소음을 성능과 동일시하는 신념(!)을 갖고 있기에 이성적인 설득이 먹히지 않는다는 점이다. 승용차의 경우 제한속도 30km/h 구간에서 가속하면 50km/h 구간보다 소음이 크게 들릴 수 있으나 이륜차 가속에 비하면 맞수가 되지 않는다. 왜냐하면 라이더는 브랜드 이미지 부각을 위해 브랜드 사운드를 극대화하고자 소음기를 튜닝하기에 소음 편차가 훨씬 크고, 최대 9dB(A)까지 벌어질 수 있기 때문이다. 이륜차 굉음은 이륜차의 매력도를 높이는 요소가 아니라 수면의 품질을 떨어뜨리는 적폐 요소다.

유럽연합과 달리 국내는 굉음에 대한 환경학적, 교통학적, 사회문화적 공론화가 이루어진 바가 없다. 왜냐하면 승용차와 마찬가지로 이륜차는 높은 레저 가치를 부여하기 때문이다. 녹지지역에서 라이더는 전형적인 사운드를 만들어 음향 힐링을 얻는다. 이륜차 굉음은 배출 소음, 즉 흡기음과 배기음이 원인이다. 유럽연합은 이미 1997년에 Directive 24 가이드를 통해 이륜차의 소음 한계치를 화물차 수준인 80dB(A)로 하향하였다. 이후 두 차례 (2003년, 2006년) 이륜차의 배출 허용 기준을 승용차 수준인 75dB(A)까지 낮추는 초강수를 두었다. 그러나 굉음은 배기량, 엔진 출력 외에도 라이더의 운전 스타일이 가미되어 나타나는 현상이다. 이륜차의 성능은 높이면서 소음을 줄이는 기술의 발전이 이루어졌으나 여전히 굉음은 소음 민원의 1번지로 남아 있다. 굉음을 측정하는 데시벨은 소음 민원의 복잡한 양상을 반영하지 못하는데, 국내는 이륜차 굉음의 생리 및 심리사회 측면에 미치는 부작용 연구가 부재하다.

유럽연합은 수면을 보장하는 데시벨 기준을 55dB(A)로 두고 있고 휴양지나 주거 지역 등에 이륜차 운행을 금지하거나 이륜차 속도 제한 구간을 지정하는 등 소음 방지 대책이 강구되었다. 운전 행동의 궁극적인 변화는 열린 소통 전략으로 가능하다. 왜냐하면 굉음은 라우드니스, 소음 구조만의 문제가 아니라 소음의 정보 내용, 노출 지역의 특성, 기대 음향 등 매우 복잡한 발생 기제를 갖고 있기 때문이다.

도시 계획에서 기대하는 음 환경의 보존을 위해 도로 교통 시설은 굉음을 유발하지 않도록 설계되어야 한다. 승용차와 비교하여 교통량과 주행 거리가 훨씬 적고 고밀도 구간에서 이륜차의 평균 소음은 미미하지만, 최대 출력 시 이륜차 한 대의 데시벨은 이륜차 천 대가 동시에 공회전 시 발생하는 데시벨과 맞먹을 수 있으며, 공회전 최대 출력 시 30dB(A) 정도 상승한다.

굉음은 얼마나 많은 이륜차가 통과하는지가 아니라 굉음을 내는 단 한 대의 이륜차의 '언제(시간 구조), 어떻게(음향 구조), 어디서(커브 진출입로), 왜

(회피 가능성)'가 관건이다. 이륜차 소음의 불필요성 내지는 배기 소음에 의한 성가심을 피할 수 있는지가 소음이 사운드가 될지 굉음으로 돌변할지 가늠하는 척도가 된다.[59] 엔진 출력에 따라 적게는 3dB에서 많게는 12dB까지 상승할 수 있고 분당 회전수를 10% 변경하면 2dB 차이가 발생한다.

그렇다면 현재의 이륜차 배기 소음 허용치(105dB)를 평균 데시벨이 아니라 소음 스트레스 관점에서 규제할 수 있는가?

이와 관련하여 독일은 이미 1937년에 자동차 소음 허용 기준을 마련하였는데, 당시에는 승용차, 화물차, 이륜차가 똑같이 85폰으로[60] 책정되었다가 1970년대에 군집 주행 이륜차의 소음이 이슈화되면서 배기가스 기준을 도입하였다. 1980년대에 질소 산화물이 환경에 끼치는 부작용을 인식하여 20m 구간에서 최대치로 가속하고 양측에서 7.5m 간격에서 통과 시 최대 레벨을 측정하는 방법론이 정립되었다. 이는 소음 허용 기준에 앞서 측정 RPM 기준이 정립될 필요성을 보여준다. 왜냐하면 출력을 낮추어 측정하면 소음 허용 기준을 충족하나 운전 행태에는 영향을 줄 수 없기 때문이다.

이륜차 소음 문제는 차량 기술의 문제라기보다 라이더의 운전 행태의 문제로 접근할 필요가 있다. 고출력 이륜차는 분당 회전수가 저출력 이륜차보다 50% 높고 7dB 소음 편차가 발생한다. 라이더의 성향이 이륜차 모델을 결정하기에 브랜드 선택이 소음을 유발하는 운전 행태를 예측하는 공학 계수가 될 수 있다. 이륜차 사운드 디자인과 브랜드 사운드는 형식 승인을 위

---

59) 독일 연방환경부의 소음 방지법(BImSchG) 제38조에 운전자는 회피할 수 있는 소음 배출을 억제하고 불필요한 소음 배출을 최소 수준으로 제한할 수 있도록 이륜차를 운행할 것을 명시하고 있다. "Sie (Kraftfahrzeuge) müssen so betrieben werden, dass vermeidbare Emissionen verhindert und unvermeidbare Emissionen auf ein Mindestmaß beschränkt bleiben."

60) 바크하우젠[Barkhausen]은 데시벨이 인간의 소음 인지를 반영하지 못하는 문제를 해결하기 위해 소음평가척도 'bark' 또는 'phon'으로 표시할 것을 제안한 바 있다.

한 배기가스 측정 모델에는 반영되어 있지 않다. 분당 회전수 폭을 고려하면 무려 30dB의 차이가 가능하기에 소음 문제를 기술적으로 해결하는 것은 한계가 있다. 물론 낮은 RPM에서도 브랜드 사운드에 부합하는 출력을 보여주는 기술 해법은 여전히 가능하기에 음향 디자이너를 소음 방지 과정에 참여시키는 것은 필수적이다. 소음 방지 전문가는 구매 행동과 운전 행태를 결정하는 라이더의 심리사회 특성과 왜 이륜차 소음이 이륜차 운행을 더 매력적으로 보이게 하는지를 이해할 의무가 있다.

WHO는 '유럽 지역 환경 소음 가이드'를 통해 교통소음이 10dB(A) 증가할수록 심혈관 질환의 상대 위험도가 8%씩 증가하는 경향이 있다고 발표하였다.[200] 교통소음이 커질수록 스트레스, 수면 장애 등 불쾌감을 느끼는 응답자의 비율이 상승한다.

이륜차 굉음은 음압 외에도 주파수 특성이 심신에 영향을 미치는데, 특히 저주파수대 굉음은 호르몬 계통 질환을 유발할 수 있다. 소음에 의한 건강상의 문제는 데시벨이나 주파수대만의 문제가 아니라 소음 노출의 시간적 구조가 문제이다. 음압이 고주파수대에서 변화 빈도가 크거나 데시벨의 상승 속도가 빠르거나 주파수 특성이 시간에 따라 급격한 변화를 보인다면 소음 민원의 강도가 커질 수 있다. 왜냐하면 환경 특성의 급격한 변동은 위험 경고 내지는 위협 요인으로 감지되기 때문이다.

굉음이 성가시게 들리는 이유는 고출력에 높은 데시벨 외에도 데시벨 상승 및 주파수 변조가 매우 빠른 특성 때문이다. 굉음은 라이더에게는 환희와 기쁨이지만 주민에게는 악몽이자 머리를 쥐어뜯고 싶은 고통이다. 소음 스트레스는 삶의 질을 떨어뜨리고 장기적으로는 건강을 해칠 수 있다. 이륜차 배기음의 데시벨이 증가하면 신체의 긴장도가 상승하다가 한계치에 도달하면 심신의 활성화가 정체 단계에 돌입한다. 활성화 수준은 데시벨의 변화 빈도와 속도가 높을수록, 주파수의 변조가 클수록 높아진다.

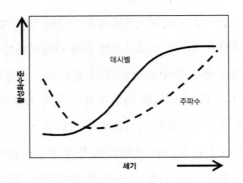

□ 주파수와 데시벨의 변조와 심신의 활성화 수준

　굉음이 갖는 정보에 대한 해석, 예컨대 통과 지역 주민을 놀라게 하는 의
도로 읽힌다면 활성화 수준이 가파른 상승 곡선을 그릴 것이다. 활성화 수
준이 높아지면 이를 낮추기 위한 조절 노력이 이어지는데 심신의 스트레
스를 제어하기 위한 행위를 일으킨다. 라이더가 선호하는 드라이브 코스는
대체로 휴양지나 가로수가 있거나 풍경이 좋은 커브 길이고 요양원, 재활
시설, 수목원, 휴양 시설 등과 겹치는 경우가 태반이다. 이와 관련하여 독일
은 이미 1952년에 자동차, 이륜차에 의한 소음 방지를 위해 우회도로, 교통
정온화구역, 보행우선구역 등 건강 보호 및 공동체 활성화를 지향하는 도
로 설계 기준을 마련하여 1960년대부터 휴양지에 적용하기 시작했다.
　배기 소음을 최소화한 자동차의 발전사와 달리 이륜차 배기 소음은 오히
려 역행하는 모습을 보이는데, 특히 커브 길 진출입부 가속은 주민의 분노
게이지를 최고치로 끌어 올린다. 쓰레기 분리수거를 위한 종량제 봉투의
구매나 사고 심도를 낮추기 위한 안전띠 착용이나 배기가스 후처리 장치(
약칭 DPF)의 장착이 상식이 되는 데에는 반복 학습과 행동 적응의 시간이

필요했듯이 이륜차 소음 저감 장치의 생산과 보급에는 라이더의 저소음 운전에 대한 책임 의식의 형성이 병행되어야 한다.

WHO는 소음에 대한 신체의 반응점이자 중대한 질환의 시작점을 55dB(A)로 보는데 국내는 이륜차의 소음 허용 기준이 105dB(A)로 소음 민원은 제도와 현실의 괴리를 극명하게 드러내고 있다. 국내는 「자동차관리법(법률 제17653호)」 제48조 제1항에 따른 이륜차 중 「자동차관리법 시행규칙」 별표1 제1호의 대형(배기량 260cc 초과) 및 2018년 1월 1일 이후 제작·신고된 중소형(50cc 이상 260cc 이하) 이륜차에 대해 배출 가스 환경 부하를 검사한다. 소음 방지 장치는 「자동차관리법」 제107조(이륜차 튜닝의 승인 대상 및 승인 기준 등)에 의거해 튜닝하는 경우 한국교통안전공단의 승인을 받아야 한다.[61] 「소음진동관리법 시행규칙」 제40조 별표13에 의해 차량 종류별 배기 소음과 경적 소음 기준을 구분하여 제시하는데 소음 허용 기준이 유럽연합의 기준과 조화되어 있지 않다.

자동차 종류	소음 항목	배기 소음(dB(A))	경적 소음(dB(C))
경자동차		100 이하	110 이하
승용 자동차	승용 1	100 이하	110 이하
	승용 2	100 이하	110 이하
	승용 3	100 이하	112 이하
	승용 4	105 이하	112 이하
화물 자동차	화물 1	100 이하	110 이하
	화물 2	100 이하	110 이하
	화물 3	105 이하	112 이하
이륜자동차		105 이하	110 이하

□ 국내 자동차(2006년 1월 1일 이후에 제작) 소음 허용 기준

---

61) 자동차관리법 제84조는 이륜차의 안전 기준 또는 부품 안전 기준에 적합하지 아니한 이륜차를 운행한 경우 과태료 100만 원을 부과한다.

유럽연합은 소음 허용 기준으로 승용차는 74dB(A)[62], 이륜차와 화물차는 80dB(A)[63]을 기준값으로 설정하고 있다.[64]

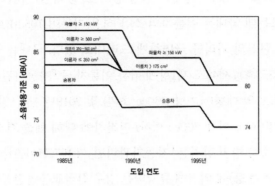

□ 유럽연합의 이륜차 소음 허용 기준의 변천사 (Lange, 2002)

유럽연합은 독일의 이륜차 소음 허용 기준을 준용하여 1997년에 이륜차 소음 표준[65]을 제정하였다. 80㎤ 미만 배기량의 경이륜차는 71dB을 넘지 않아야 하고 중이륜차는 세 개의 범주로 나누어 제시하고 있다. 80㎤ 배기량을 넘지 않는 중이륜차는 75dB(A)까지 허용하고 80≤175㎤ 배기량을 가진 중이륜차는 77dB(A), 175㎤ 이상 배기량의 중이륜차는 80dB(A)까지 허용하는 기준을 정립하였다. 여기에 관례적으로 1dB(A) 증가를 허용할 수 있게 하였다.

휴식 공간에 대한 가치를 인식한 주거 형태의 변화와 휴양지와 같은 주거 구조를 선호하는 추세는 이륜차의 굉음이 건강에 미치는 영향에 대한 인식

---

62) directive 157/1970

63) directive 24/1997

64) 비행기 소음 허용 기준(directive 51/1980), 타이어 소음 허용 기준(directive 43/2001)

65) directive 24/1997

을 높여 소음 민원의 폭증을 예고한다.[66]

문제는 측정 조건이 실제 라이더의 운행 방식을 반영하지 못한다는 점이다. 왜냐하면 최대 출력을 내거나 급가속 조건에서도 소음 허용 기준을 충족할 수 있기 때문이다. 소음기 튜닝 과정에서 기준값의 조작이 수월하여 '데시벨 킬러'가 가능하다. 유럽연합 '환경 소음 평가 및 방지에 대한 표준 가이드'[67]는 유관 대책의 통섭을 요구하는데, 왜냐하면 소음 민원은 소음원과 무관하게 지형학적 다양성을 고려해야 하기 때문이다. 음향적 고요의 보장을 위해 수면 장애 방지를 위한 통일적 소음 지수의 산정, 소음 지도가 아니라 정온 지도의 제작, 언론 광고를 통한 인식 계도 등 라이더의 환경 책무 의식의 형성이 궁극적인 소음 방지 전략이 되어야 한다.

9.2 이륜차 소음 측정

국내 소음 측정기는 KSC 1502(IDT IEC 60651)에서 정한 2등급(형식) 소음계 또는 동등 성능을 가진 것으로 등가소음도 L_{eq}를 자동 측정할 수 있는데, 주파수 분석이 필요한 경우에는 최소한 옥타브밴드별 주파수 분석이 가능한 분석기를 사용하고 소음계의 동특성은 빠름(Fast)을 사용하여 측정한다. 측정 전에 충분히 예열하고 교정한다. 배기 소음 측정 방식은 변속기를 중립으로 설정하고 배기관 끝으로부터 배기관 중심선에 45±10° 각을 이루는 연장선 방향으로 50cm 이격하고 지상으로부터의 최소 높이는 20cm 이상이며 배기관 중심 높이에서 ±0.05m인 위치에 마이크로폰을 설

---

66) 하남시 미사 지구 미사 강변은 야간 이륜차 군집 주행 소음에 의한 피해로 고층 민원이 국민권익위원회에 제기된 바 있다.(국민권익위원회, 2020.7.22.)

67) directive 49/2002

치한다.

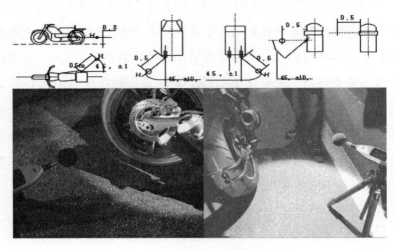

□ 이륜차 소음기 측정

변속 기어를 중립 위치로 하고 정지 가동 상태에서 최고 출력 시의 75%
±100rpm 회전 속도에서 4초 동안 2회 측정하여 배출되는 최대치를 적용
한다. 75% 회전 속도 5,000rpm 초과 시 측정치의 보정은 중량 이륜차는
5dB, 외의 이륜차는 7dB을 측정치에서 빼서 최종 측정치로 한다. 원동기가
차체 중간 또는 후면에 장착된 이륜차는 측정치에서 8dB을 빼서 최종 측정
치로 한다. 마이크로폰 설치 위치의 높이에서 측정한 풍속이 2m/sec 이상
일 때에는 마이크로폰에 방풍망을 부착하여야 하고, 10m/sec 이상일 때에
는 측정하지 않는다. 듀얼 머플러의 경우에는 인도에 가까운 곳을 측정한
다.[5]

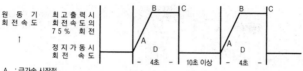

원 동 기 회 전 속 도 ↑	최고출력시 회전속도의 75% 회전		
	정지가동시 회 전 속 도		

A : 급가속 시작점
BC : 최고출력시 회전속도의 75% 회전 유지시간
C : 급가속 종료점

□ 최고 출력 시 회전 속도 유지 시간

소음계 지시치의 최대치를 측정치로 하며, 암소음의 크기는 소음계 지시치의 평균치로 한다. 2회 측정 중 각 측정치의 차이가 2dB를 초과할 시 측정치는 무효로 한다. 음의 반사와 흡수 및 암소음에 의한 영향을 받지 않는 개방된 장소에서 마이크로폰 반경 3m 장애물을 제거하고, 특히 암소음의 크기는 측정 직전 또는 직후에 연속하여 10초 동안 실시하며 이륜차 소음과 암소음의 측정치의 차이가 3dB(A) 이상이면 보정치 3dB(A), 4~5dB(A)이면 보정치 2dB(A), 6~9dB(A)이면 보정치 1dB(A)을 뺀 값을 최종 측정치로 적용한다. 차이가 3dB(A) 미만일 경우는 측정치는 무효로 처리한다.[5]

소음과 암소음 측정치 차이	3	4~5	6~9
보정치	3	2	1

□ 암소음에 대한 보정치 (단위: dB(A), dB(C))

국내는 경적 소음 측정 기준을 별도로 마련하고 있다. 지시계는 dB(C)를 적용하되 경음기가 설치된 위치에서 전방으로 2m 떨어진 지점을 지나는 연직선으로부터 수평 거리가 0.05m 이하이고, 바닥에서 1.2±0.05m 높이로 5초 동안 2회 측정하여 가장 큰 수치를 적용한다. 원동기를 가동하지 않은 정차 상태, 즉 교류식 경음기가 3,000±100rpm 상태에서 소음계의 동특성은 빠름을 사용하여 측정한다.

ㅁ 이륜차 경적기 불법 튜닝

「자동차관리법」 35조에 의거 배기 소음 허용 기준을 2dB(A) 미만 초과하면 20만 원, 2~4dB(A) 미만 초과하면 60만 원, 4dB(A) 이상 초과하면 100만 원, 소음기를 훼손하거나 경음기를 불법 부착한 경우는 60~100만 원 과태료 처분을 내린다.

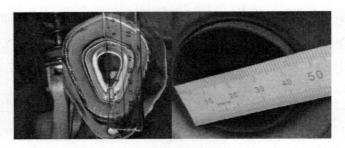
ㅁ 소음기 내경 측정

배기 소음기 내경 측정은 한국교통안전공단의 한국자동차검사관리시스템을 통해 이륜차 제작사 인증 각인으로 차대 번호 및 등록 번호판 동일성을 확인하고 신고필증 튜닝 내역, 즉 소음기/배기구멍, 형태, 위치(좌/우/중앙), 내경(mm),[68] 사일런스, 촉매, 매연 여과 장치, 경음기를 확인하여 「자동차관리법」 제34조에 의거 소음기 튜닝 승인 없이 임의 변경 위반 사항을 적

---

68) 내경이 타원 혹은 다각형 형태일 경우 장축 및 단축 방향 지름을 내경으로 기재한다.

시하여 원상 복구 고발 조치한다. 벌칙은 「자동차관리법」 제81조에 의거 1년 이하의 징역 또는 1,000만 원 이하의 벌금에 처한다.

□ 머플러 배기장치 및 소음기 임의변경

유럽연합은 국내와 유사하게 변속 기어를 중립으로 하고 정지 가동 상태에서 최고 출력 시의 75% 회전 속도에서 3회 이상 측정하는 정지 조건을 제시하고 있으나 시속 50㎞ 속도에서 주행 중 측정 방식을 권고한다. 독일은 측정 각도를 45°±5° 설정하고 듀얼 머플러의 경우에 배기관 간격이 30cm 이상이면 좌우 양측을 측정하도록 권고하고 있는 것이 우리나라와 다른 점이다.

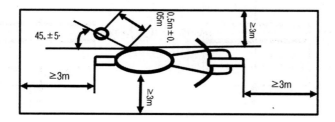

□ 이륜차 정지 조건 시 측정 (Pullwitt/Redmann, 2004)

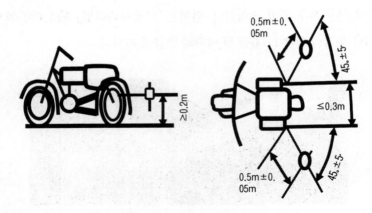

□ 이륜차 듀얼 머플러 측정 (Pullwitt/Redmann, 2004)

EURO3 기준 주행 조건에서 측정하는 경우는 4단 변속 기어면 2단에서 측정하고 5단 이상 변속기는 배기량이 175㎤ 이상이면 2단과 3단 변속에서 4회 측정한 값의 평균을 구한다. Euro4 기준 주행 조건은 4단 변속을 동일하게 적용하되 주행 속도를 10m 통과 시점까지 38.8㎞/h 및 50㎞/h 차이를 두고 나머지 10m에서는 50㎞/h로 통일하여 가속 행동을 모사한다.

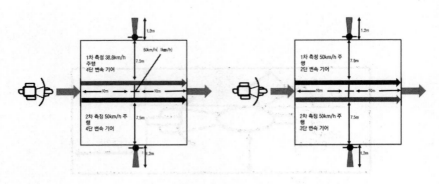

□ EURO3(좌), EURO4(우) 주행 조건 시 측정

EURO 레벨을 고려한 이륜차 주행 조건을 달리하는 이유는 시속 50㎞ 주행 조건에서 80dB은 관능적으로 심각한 성가심을 유발하지 않으며 현실에서 느끼는 스트레스를 반영하지 못하기 때문이다. 제한속도를 30㎞/h에서 50km/h 높이면 배기 소음이 10dB 증가한다. 특히 커브 구간 주거 지역을 시속 60㎞에서 140㎞ 속도 범위로 급가속 통과 시 최대 15dB 폭탄을 선사할 수 있고, 커브 진출 시 소음(12.9dB(A))이 진입 시 소음(4.4dB(A))보다 훨씬 높게 나타난다.

달리 말하면 이륜차의 가속 행동과 가속 국면이 문제인데 이를 포착할 수 있어야 불법 튜닝이 사라질 수 있다. 분당 회전수를 10% 줄이면 2dB, 50% 낮추면 7dB 감소 효과를 기대할 수 있다. 최대 회전 속도를 올리는 한 대의 이륜차 소음은 공회전 상태의 1,000대 이륜차 소음과 맞먹는다. 데시벨 하마인 불법 튜닝 배기 장치의 탈부착이 불가능하도록 튜닝 기준이 강화될 필요가 있다.

라이더의 정체성에 따라 선호하는 브랜드 내지는 모델의 전형적인 음향이 객관적으로 소음 민원을 유발하지 않으면서도 라이더의 음향 욕구를 충족하면서 음향 만족도를 높이는 브랜드 사운드 튜닝을 진작시키는 방안을 모색할 시점이다.

9.3 국제 기준 조화와 소비자의 역할

소음 허용 기준을 준수하는 한 대의 이륜차 소음은 네 대의 승용차가 동시에 배출하는 소음의 합보다 크다. 유럽연합의 소음 허용 기준보다 1.3배 높은 국내 소음 허용 기준은 배기관의 불법 튜닝을 조장하는 요인으로 작용한다. 소음 허용 기준을 강화한다면 이륜차의 소음 감소를 위한 구조적인 해결의 여지는 여전히 높다 하겠다. 고성능 저소음 이륜차 시장의 형성은 제도적인 뒷받침이 없이는 불가능하다.

유럽연합의 승용차, 화물차, 버스, 이륜차 소음 허용 기준 강화는 여전히 현재 진행형이다. 승용차는 배기량(kW/ton)에 따라 2020년부터 2026년까지 68~72dB(A) 수준으로 기준을 강화하는 방안을 공표한 바 있다.

200kW/ton 스포츠카는 현재 75dB(A) 기준을 2022년부터 74dB(A) 낮추고 2026년까지 72dB(A) 점진적으로 감소시킬 예정이다. 반면 국내의 자동차 배기음 허용 기준은 국제 기준과 동떨어진 제도이고 소음 민원의 구조적인 원인자다.

분명한 사실은 이륜차의 소음 허용 기준이 대형 화물차의 소음 허용 기준과 맞먹는 것은 불합리한 처사란 점이다. 이륜차 소음 민원의 현실을 정지 조건의 측정 방식이 제대로 규명할 수 있을지는 회의적이다. 과도한 이륜차 소음 허용 기준은 배기관, 소음기 등 이륜차의 부품 시장에 잘못된 시그널을 보내고, 소위 괴물 사운드 튜닝을 조장하는 데에 일조한다. 이륜차 소음 허용 기준을 강화하면 불법 튜닝 배기관, 소음기 유통이 음성화될 수 있어 행정 단속의 사각지대가 넓어질 우려가 있다. 조작이 수월한 배기관, 소음기의 불법 튜닝을 퇴치하려면 저소음 부품에 대한 인증 제도를 도입하여야 한다.

▫ 국내(좌)와 해외(우) 순정 소음기 표식과 라벨

예컨대 소비자원 등에서 이륜차 부품의 소음 특성에 대한 소비자의 소음 성가심 평가를 통해 소음 등급을 공표하는 방식으로 제조 시장과 튜닝 시장에 이륜차 소음 문제를 내재화하는 방안을 모색할 필요가 있다. 이륜차는 라이더의 관점에서는 교통수단이 아니라 일종의 레저용품이고 배기 소음은 이륜차의 성능 함수가 아니라 스타일링 내지는 정체성을 표현하는 언어적 기호이다. 라이더마다 레저용품을 어떻게, 그리고 어디에서 사용할 것인지에 대한 다양한 시각적 및 청각적 연출 개념을 갖고 있다. 스타일링은 차체의 외관뿐만 아니라 의복과 사운드의 복합적 연출의 효과로 인식되고 라이더 코호트 ^{Cohort} 의 사회적 인정(건강과 휴식을 파괴하는 환경 돼지가 아니라)을 통해 자아 가치를 확인하는 방편이다. 따라서 라이더 유형이 운행 방식을 결정하고 소음기의 순정 부품 애호 여부와 순정 부품 튜닝의 적극성 등 스타일링 방향에 영향력을 행사한다.

할리데이비슨 라이더는 이륜차 차체와 마찬가지로 BMW 라이더와 성격이 다를 수 있다. 그러나 안전모를 쓴 라이더의 귀는 동일한 최고 출력 주행 시 배기 소음이 시끄러운 소음이 아니라 쾌적한 음향으로 들릴 것이다. 순정 부품 튜닝을 선호하는 라이더(Chopper)는 그렇지 않은 라이더(Enduro)에 비해 사운드 이미지(예: 묵직함, 풍부함)를 훨씬 중시하고 사운드에 대한 의미론적 표상이 일반인의 것과 상당한 차이가 있다.[166] 일반인의 귀에 시끄럽게 들리거나 공격적으로 여겨지는 사운드를 라이더는 아늑하거나 긴장을 풀어주는 것으로 받아들인다. BMW 라이더를 위해 저출력 주행 시 배기 소음의 레벨은 높이고 할리데이비슨 라이더를 위해 고출력 주행 시 배기 소음의 레벨은 낮추는 Dual Silencer 출현을 기대해 본다.

9.4 Sound Design

라이더는 대체로 사운드를 이륜차 운전의 체험 요소로 인식한다. 고속주
행 시 굉음은 포스를 느낄 수 있게 하고 자극적이기에 중독성이 있다. 사운드
에 중독되면 더 자극적인 사운드를 추구하게 되어 불법 튜닝의 유혹에 빠지
게 된다. 실제로 순정 소음기와 튜닝 소음기를 주파수대로 음량의 변화를 측
정한 연구에 의하면[175], 고속 주행 시 5~20dB 차이가 발생한다. 특히 고령자
가 가장 성가시게 느끼는 주파수대(8kHz)서 15dB의 편차가 나타났다.

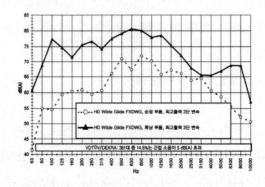

□ 주파수별 불법 튜닝 소음기의 데시벨 변화량 (Steven, 2002)

승용차는 고속 주행 시 타이어 마찰 소음이 배기 소음을 압도하지만 이륜
차는 저속 주행과 고속 주행 모두에서 가속도가 현저히 빠르고 흡기 소음
과 배기 소음이 지배적인 소음 특성을 갖는다. 이륜차는 공회전 시 승용차
보다 훨씬 높은 데시벨을 방출하는데, 저속에서 고속으로 가속도를 높이는
것이 소음 민원의 진원지이다.

승용차는 출력을 낮추면 소음 문제가 해결될 여지가 있으나 이륜차는 출
력을 낮추어도 소음 문제는 여전히 남아 있기에 현재의 이륜차 소음기 인

증과 측정 방법은 이륜차 소음의 현실을 제대로 반영한다고 볼 수 없다. 교통소음에서 이륜차가 차지하는 비중이 미미함에도 이륜차의 독특한 흡기 배기 소음을 고속 주행에서 만끽하려는, 이륜차 소음 전개를 이륜차 운행의 필수 요소로 인식하는 라이더에 의해 굉음 프레임에 스스로를 가둬버리는 결과를 초래하였다.

□ 소음기 단면

소음기는 세 가지 원칙, 즉 흡수 원칙(흡음재), 소산 원칙(기류 분산), 공명 원칙(음향 필터)을 기준으로 제작된다. 흡기 배기 소음을 충분히 흡수하려면 소음 흡입 장치의 부피가 커지게 되고, 이는 브랜드 디자인과 상충한다. 왜냐하면 제조사는 이륜차의 부피를 최소화하면서 세련된 외형을 지향하되 제조 비용은 최소화하길 원하기 때문이다.

우아한 외형의 이륜차는 대체로 소음기가 드러나지 않게 숨겨져 있는데, 흡음 역량을 강화하려면 소음기의 부피가 커지고 성능 손실을 고려하여 소음, 디자인 및 성능의 밸런스를 찾는 것은 공학, 심리학, 그리고 미학의 경계선을 타는 줄타기 곡예다.

1980년대는 자동차 소음을 물리 음향 계측에서 벗어나 인간의 음향 인지를 최대한 모사하는 심리 음향 평가로 인식의 전환이 이루어진 시기이고, 이때 승용차 내부 음향 최적 음질을 달성하기 위한 음향 설계 개념이 등장하였다.[44] 자동차 모델의 객관적인 음향 특성(디자인 관점)과 고객이 제품에 대해 기대하는 브랜드 음향(인지 관점)을 공학적으로 해결하고자 하였고[11], 자동차 소음에 대한 심리 음향 평가를 위해 인공 헤드 기술이 본격적으로 활용되기 시작하였다.[69][77]

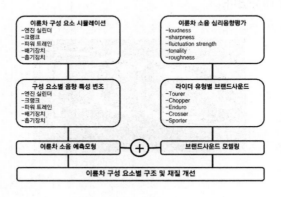

□ Sound Engineering 기법

　라이더 유형마다 소유 이륜차의 음향에 대한 기대치가 다를 수 있다. 예컨대 이륜차의 배기 소음이 아기의 방귀 소리처럼 들리는 것을 좋아할 라이더는 없을 것이다. 소음 피해를 줄이면서 라이더의 기대 음향을 충족하는 방법은, 배기 소음은 줄이되 흡기 소음은 높이는 기술의 진보이다. 배기 소음은 라이더가 직접 느끼지 못하는 측면이 있으나 주변에선 굉음으로 인지될 수 있다. 흡기 소음은 라이더에 직접 방출하여 음향을 충분히 전달하면서도 주변의 성가심을 높이지 않는 특성이 있다. 배기 소음이든 흡기 소음이든 어떤 소음 특성이 라이더에게 소음 내지는 사운드로 인식되는지, 음향적 쾌감을 선사하는가는 물리 음향 질문이 아니라 심리 음향 사안이다. 제조사마다 고유의 브랜드 사운드로 제품을 차별화하는 노력을 하고있다. 구매력을 높일 수 있는 브랜드 사운드를 구현하려면 새로운 심리 음향 공학 계수가 필요하다.

제조사는 구매하고자 하는 라이더의 유형은 무엇인지, 쾌적한 음향에 대한 반응 특성은 어떠한지, 제품 특성 음향이 브랜드 사운드의 전형이라고 느끼는지 등을 연구하여 개인 맞춤형 브랜드 사운드를 제공한다.

예컨대 이륜차의 엔진 실린더, 크랭크, 파워트레인, 배기 장치, 흡기 장치별 구조 및 재질 변경 시뮬레이션에 따른 심리 음향 공학 계수의 변화량을 분석하여 브랜드 사운드의 목표치를 충족하면서 주변의 소음 민감도를 줄이는 음향 설계를 기대할 수 있다. 원하지 않는 기계 소음을 유발하는 경로를 모사할 수 있다면 기술적 변량의 조작을 통해 활음滑音 이륜차의 구조 변경이 가능할 것이다.

엔진 실린더의 피스톤은 상하뿐만 아니라 좌우로도 움직이기에 제품마다 다른 기계 소음을 유발한다. 심리 음향 공학 계수가 피스톤의 구조 및 재질 특성의 변화에 얼마나 민감하게 반응하는지를 규명하는 것이 관건이다. 달리 말하면 이륜차 구성 요소별 고유 주파수의 변동이 브랜드 사운드의 이미지를 결정하는 것이다.

소음기의 구조 개선을 통한 이륜차의 물리 음향 효과는 이미 한계점에 도달한 상황이고, 고가의 이륜차의 비용 구조에 굉음轟音에 대한 권리가 포함되어 있다고 주장하는 것은 사회적으로 수용될 수 없다. 그럼에도 불구하고 차체 진동, 안전모의 구조 개선을 통해 라이더의 음향 인지 향상 가능성은 무한하다. 소음 기준치를 충족하지만 시끄러운 차체 진동의 음색을 변조하여 민원은 줄이고 라이더는 쾌적한 음향 인상을 얻는 것은 비용 상승의 부담을 줄 수 있다. 라이더가 정체성을 인지하는 '정확한' 사운드를 인공적으로 제공하는 안전모의 심리 음향 설계가 해결의 실마리가 될 것으로 기대한다.

10

미세먼지와 교통소음의 연결 고리

2016년 랭커스터 연구[125]는 자동차 교통량이 많은 멕시코시티와 맨체스터 지역의 치매를 앓은 사망자의 뇌에서 자동차 매연의 미세먼지 Magnetite 가 발견되었고 자동차 교통에 의한 미세먼지가 치매를 유발하는 인자라고 발표하였다.

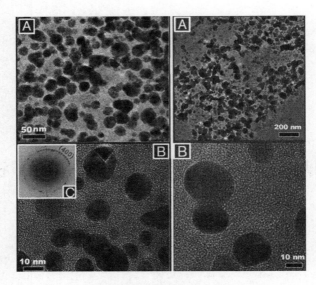

□ 멕시코시티, 맨체스터 지역 미세먼지 효과

(좌: 치매 사망자 뇌 미세먼지, 우: 대기 중 미세먼지)

2013년에 세계보건기구WHO는 자동차 교통이 유발하는 미세먼지의 주요 원인으로 매연 배출 여과 장치가 없는 구형 디젤차, 촉매 장치가 없는 휘발유 차로 보았고, 미세먼지를 발암 물질로 규정하여 경유 자동차 미세먼지 배출량 감축을 권고하였다. 자동차 배출 가스 기준 강화 및 디젤미립차 필터 기술의 향상으로 배출 가스를 상당히 감축하였다.

10.1 저탄소 구역^{LEZ}

자동차 배기가스의 양은 자동차 교통량과 주행 속도에 의해 결정된다. 유럽연합은 1999년에 '대기품질관리지침'을 공표하여 도로 교통 미세먼지의 감축을 의무화하였고 회원국은 지침의 구체적인 이행을 위해 다양한 방식의 '에코-존^{Eco-Zone 69)}'을 시행하였다. 에코-존은 일방통행로와 같은 구간 개념에서 시작하였으나 이후 존^{Zone}, 즉 구역 개념으로 확장되었다. 국내 녹색교통관리지역은 에코-존의 취지에 비견되는 대책이다. 일례로 베를린 주정부는 도시 순환 고속도로가 통과하는 도시 지역을 에코-존으로 설정하였고, 도르트문트시는 간선도로 300m 구간에 에코-존을 적용하였으며, 울름시는 도심 일부 구역에 7.5톤 이상 화물차의 통행을 금지하는 에코-존을 설치하였다. 유럽연합은 자동차 배출가스 검사 결과를 토대로 다섯 개의 배출 등급으로 분류하여 그에 상응하는 표식을 차량에 부착하도록 하고 허용 등급에 부합하지 않는 분류 차량의 통행을 단속한다.⁷⁰⁾

□ 독일의 자동차 배출 등급 표식 체계

---

69) 독일은 2007년 '저탄소 차량의 표식에 대한 훈령Verordnung zum Erlass und zur Aenderung von Vorschriften ueber die Kennzeichnung emissionsarmer Kraftfahrzeuge'을 통해 배출등급이 낮은 차량의 도시지역도로 전체 또는 일부 구역의 통행을 제한하거나 금지하는 저탄소 구역을 시행

70) 경찰 차량은 교통 상황에 따라 배출 등급2에서 배출 등급5까지 다양한 표식을 활용하고 농수산업용 차량, 이륜/삼륜차, 응급구조 차량, 장애인 전용 차량, 외국 군용차 등은 등급대상에서 제외

대기 개선의 단계별 계획에 따라 적색, 황색, 또는 녹색 등급으로 통행 수위를 조정하는데, 배출 등급 표식을 부착하지 않은 차량이 에코-존을 통과하다 적발되면 벌금이 부과된다. 배출 등급 표식은 공인 배출 검사기관(TÜV, DEKRA, GTÜ, KÜS 등)에서 환경검사 판정 결과에 따라 부여된다. 단, 천연가스, 전기, 또는 수소 동력 차량은 이에 해당하지 않는다.

10.2 도로 비산먼지와 교통소음

교통량과 중대형 차량 비중이 같으면 도로 특성이 미세먼지 배출 수준에 영향을 미친다. 도로 특성은 운행 속도, 교차로 간격, 교차로 유형(회전/신호/비보호), 도로 유형 등에 의해 결정된다. 교통량이 늘어나면 가다 서다를 반복하고 매연 배출은 가파르게 상승한다. 똑같은 교통량 조건에서 질소 산화물과 매연은 중대형 차량의 비중이 높을수록 증가하는데, 중대형 차량 주행 거리당 질소 산화물 배출은 승용차보다 15~25배 높고 매연은 28~45배 높으며 교통량과 주행 속도가 증가할수록 격차가 더 벌어진다.

그런데 자동차 교통에 의한 미세먼지의 주요 배출원은 도로 비산먼지이고 주행 중 브레이크 패드, 또는 타이어의 마모에 의한 비산먼지는 미세먼지의 75% 이상을 차지한다.[204] 국내에서는 도로 미세먼지의 44%는 비산먼지이고, 비산먼지의 45%는 재비산먼지로 추정한 바 있다.[2] 자동차의 급출발, 급감속이 도로 비산먼지의 유발자인데 통행 속도가 높고 통행량이 많은 간선도로에서 미세먼지 비율이 높다.

런던 교통국은 속도 하향에 따른 속도의 균질화로 미세먼지를 줄일 수 있는지 실험하였는데 30마일(48km/h)에서 20마일(32km/h)로 속도 하향 시 미

세먼지 ^{PM10} 가 8.2~8.3% 감축되는 것을 입증하였다.[204]

구분	NOx	PM10	CO2
가솔린차	+7.9%	−8.3%	+2.1%
경유차	−8.2%	−8.2%	−0.9%

□ 런던의 30mph→20mph 미세먼지 배출량 변화

한국교통안전공단은 '안전속도 5030' 구간 시행에 따른 미세먼지 저감 효과를 추정하기 위해 스웨덴 연구 사례 실험값[172]을 기반으로 속도 하향에 따른 배출 가스 감소 비율을 적용하여 속도별 배출 계수를 산정하였다. 배출 가스, 즉 자동차 연료 연소 시 발생하는 미세먼지는 연간 2.76톤/년, 비배출가스, 즉 타이어·브레이크 패드 마모에 의한 미세먼지는 연간 908.01톤/년 감축 효과를 예상하였다.[4]

신호 운영 간선도로의 통행 속도가 높으면 속도 편차가 커지고 속도의 불연속성으로 미세먼지 배출이 증가한다. 주행 속도를 낮추면 자동차 간 속도의 편차가 줄고 균질적인 속도 프로필이 만들어져 급출발이나 급감속의 행동 빈도가 감소하거나 완화되어 비산먼지를 덜 일으켜 미세먼지의 총량을 줄이는 데에 보탬이 된다.

교통정온화는 저속화와 속도의 균질성 확보를 통해 미세먼지와 교통소음을 동시에 줄이는 효과를 제공한다. 단, 교통정온화는 면 단위가 아니라 구간 단위로 시행하면 가속과 지체의 빈도가 증가하며 이는 미세먼지의 증가를 유발할 수 있다. 미세먼지가 심각한 문제 구간의 이미지는 부동산 가치 하락을 이끌 수 있고 주변 주거지로 통과 교통량을 전이시킬 수 있다.

11
주거 환경을 위한 음향 설계

어린이 동화로 유명한 모리스 센닥^{Maurice Sendak} 《괴물들이 사는 나라(원제: Where the Wild Things Are)》에서 괴물 나라의 왕이 된 모리스가 괴물들에게 소란을 떨라고 명령하고 달빛 아래서 끔찍한 소음을 내는 장면이 나온다. 소란은 항상 어린이에게 즐거움을 주는 요소이다. 소란을 부리는 아이에게 왜 소란스럽게 하느냐 물어보면 아이는 답을 모른다고 한다. 오히려 그러한 질문을 더욱 고무적인 것으로 받아들이고 더 큰 소리를 내기도 한다.

우리는 어린이가 몸을 움직일 때 항상 소리를 동반한다는 것을 쉽게 관찰할 수 있다. 이는 갓 태어난 아기에게서도 엿볼 수 있는데, 흥미롭게도 아기는 움직이기 시작하면 반드시 소리를 낸다. 이때 고요함은 동작의 반대말로 정의될 수 있다. 어린이는 동작과 소리를 통해 발달하는 존재임에는 틀림이 없으나 어린이도 고요함에 대한 욕구가 있다. 예컨대 번개맨이나 아기 상어가 방영될 때, 혹은 잠을 자고 싶을 때 주변에 소음이 있으면 어린이는 신경질적인 존재로 변할 수 있다. 이때 고요함은 소음의 반대말이다.

그렇다면 주거 지역의 교통소음에 대해 민원인이 요구하는 고요함은 어떤 욕구를 표현하는 것일까? 이륜차의 커브길 배기 소음, 스포츠카의 교차로 횡단 소음, 통근 차량의 정체 소음 등 일상적인 교통소음의 피해를 방지하려면 자동차의 통행량을 절반으로 줄이거나 자동차 소유자의 절반이 운행을 포기하면 좋겠지만 누가 먼저 나설까? 우리의 삶에서 교통소음이 완전히 사라진 자리를 채우는 고요함은 어떤 의미로 다가올까? 누군가에게 고요함은 개인적 욕구를 방해하고 누구에게는 외로움이 될 수 있기에 교통소음은 어떤 음향으로 설계되어야 하는지는 머레이 샤퍼^{Murray Schafer}가 제안한 도시의 음향 문화, 즉 사운드스케이프^{Soundscape}를 경청할 필요가 있다.

11.1 사운드스케이프[71]

　캐나다 밴쿠버에서 음악 이론가이자 작곡가로 활동하던 머레이 샤퍼 Murray Schafer 가 사운드스케이프 이론을 정립하였는데, 도시의 문화적 에너지를 고양하기 위해 교통 및 사회생활의 형태를 변혁하고 교화하자는 문화 운동을 제창하였다.[158] 샤퍼는 밴쿠버의 전형적인 소음을 수집, 분류하여 도시 음향을 하나의 풍경으로 해석하는 사회 음향 이론을(음향 설계 가이드는 아님) 제시하였다.[112] 도시의 각종 소음에 귀 기울여 독특한 음향 세계의 충만한 구조를 읽어내고 근거리의 소란함과 원거리의 아름다움을 발견해 익살스러움과 리듬감 등 도시 음향의 다채롭고 경이로운 삶의 파노라마를 풍경으로 객체화하여 소음 공해를 개선할 수 있다는 일종의 소음 문화 이론이다.

　사운드스케이프는 크게 두 가지로 접근할 수 있는데, 하나는 도시의 복합 소음의 음압 변이에 대한 라우드니스 평가를 통해 심리 음향 공학 계수로 환원하려는 축이다.[124] 등가소음도 L_{eq}, 임펄스, 주파수 등 물리 음향 공학 계수는 도시 음향의 경험을 조건화하는 요소이지만 소음 성가심 내지는 스트레스의 변이의 33~36%만을 설명할 수 있다.[31]

　다른 사상의 축은 도시 음향 신호를 물리적 특성 외에 소음원의 인식, 소음 발생의 시공간적 맥락 등 경험하고 저장된 음향 공간에 대한 인지적 표상으로 설명하는 것이다.[49] 특히 후자의 경우 도시 음향 현상이 개인의 미학적 평가와 해석이 가해진 인지적 표상이고 소음원에 대한 시각적 습관 내지는 관점에 녹아들어 있으며 음향 공간에 대한 경험과 기억의 개인적 맥락이 도시 소음의 경고, 정체, 효과에 대한 감각 절대역을 결정한다고 주

---

71)　ISO/DIS 12913-1 사운드스케이프는 사회심리학적 맥락에서 인지, 경험되는 음 환경으로 정의: "Acoustic environment as perceived or experienced and/or understood by people, in context"

장한다. 도시 소음에 의한 장애와 성가심은 같은 의미를 내포하지 않으며 혼동하지 말아야 한다고 강조한다. 장애는 물리 음향 특성으로 환원하는 개념으로 사용되지만 성가심을 뜻하는 어노이언스 또한 심리 음향의 환원적 시도로 볼 수 있다.[55]

교통소음에 노출된 환경에서 우리가 어떤 행위나 과업을 수행하고 있는지, 더 나아가 수행하는 행위나 과업의 구조적인 요소(고3의 기출문제 풀이, 만둣가게 사장의 만두피 공정 등)가 무엇인지에 따라 소음 평가의 방향이 달라질 수 있다. 여기에 흥미로운 연구 사례가 있다. 슐츠 Schulz 와 바트맨 Battmann 은 도로변 오피스 근무자를 대상으로 교통소음이 회계 장부 검수와 주문장 처리의 오류율에 미치는 영향을 실험하였다.[165] 과업의 구조는 검수 및 처리할 정보의 종류와 순서, 검수 및 처리에 소요되는 시간과 정확도로 정의하였다. 그 결과 교통소음이 덜한 시간대의 정보 탐색 시간이 소음이 가중되는 시간대에 비해 단축되는 효과가 있는 것으로 나타났다.

교통소음	숙습도	탐색 시간(초)
낮음	낮음	1141
	중간	1124
	높음	997
높음	낮음	1736
	중간	1317
	높음	979

▫ 교통소음과 작업시간 (Schulz/Battmann, 1980)

회계 장부 검수와 주문장 처리의 과업 유형별 소음 조건에 대한 평균 오류율을 보면, 검수 과업의 오류율은 교통소음에 영향을 받지 않았고 주문장 처리 과업의 오류율은 교통소음의 레벨이 높을수록 높아지는 것으로 분석되었다.

과업 유형	검수 과업		처리 과업	
	소음 낮음	소음 높음	소음 낮음	소음 높음
회계 장부 검수	0.40	0.40	0.27	0.33
주문장 처리	0.40	0.41	0.27	0.40

□ 교통소음과 과업유형 (Schulz/Battmann, 1980)

회계 정보의 산술 체크나 주문장을 확인하는 작업은 소음의 고저에 영향을 받지 않았지만, 오류율은 처리 과업과 비교하여 전반적으로 높은 편이었다. 사고를 요구하는 처리 과제는 소음 수준이 높을수록 자주 중단되거나 회피하는 경향을 보였다. 이는 교통소음이 인간과 환경의 상호작용을 왜곡할 수 있기에 특히 배움이 필요한 학생에게 연습의 기회를 박탈하고 학습 장애를 유발하여 정신적 능력의 발달을 저해할 수 있다는 것을 암시한다.

11.2 시각적 환경과 소음 인지의 관계

도로의 이미지가 미학적으로 아름답거나 시각적인 쾌감을 제공한다면 교통소음에 대한 성가심이 완화될 수 있을까?

교통소음에 대한 반응은 사람마다 제각각이지만(사회문화적, 경제적 앵커가 다르기에) 가로 환경이 건축학적으로 아름다운 외관을 보여주거나 노상 미니 공원, 호수, 녹지대 등 주변에 시각적 청량함을 제공하는 장치는 소음 환경에 대한 위생적 가치를 높일 수 있다. 동일한 교통소음에 노출되어도 소음 피해의 정도가 다른 두 지역이 있다면 그들이 처한 환경 특징에 무엇이 숨어 있는지 찾아보아야 한다. 국가산업단지 주변의 주거 지역과 근린 공원 접근성이 높은 주거 지역의 평균 소음이 같더라도, 대도시이거나 산업도시, 또는 신도시 등 환경 특징이 같게 분포되어 있지 않으면 교통소음의 음향적 스트레스는 생활환경의 특성 구조에 따라 강화 또는 약화할 수 있다.

강변도로의 교통량이 심각하고 평균 소음이 높더라도 강을 내려다보는 시각적 조망의 기회가 보장된다면 소음 스트레스를 감수할 수 있을까?

이와 관련하여 카스트카 ^{Kastka} 는 주택가를 통과하는 도로변에 방음벽보다 녹지 제방이 소음 성가심을 줄이는 효과가 큰 것으로 보고하였다.[101]

도로교통의 평균 소음은 변화가 없음에도 주민은 생활환경에 더 많은 녹지대와 미학적 건축물이 많으면 교통소음에 대한 스트레스를 덜 느끼고 보상받은 것으로 인식한다. 반면에 녹지대가 전무하거나 황량한 이미지를 제공한다면 교통소음은 대비 효과를 일으켜 소음 민원이 증가한다. 아름답지 못한 도로의 교통소음은 더 짜증이 날 수 있다.

소음원과 소음을 둘러싸고 있는 환경의 역학에 대한 관찰로 교통정온화 시설을 투입했지만 평균 소음엔 변화가 없음에도 소음 민원이 줄어든 것은 교통정온화로 도로의 시각적 환경이 점진적으로 좋아지면서 전반적인 생활환경이 나아지고 보상받은 것으로 받아들이기 때문이다.[51]

누추하고 황량한 생활환경에서는 교통소음이 더 성가시게 느껴질 수 있다. 따라서 사운드스케이프는 단순히 도시 음향 설계 문제가 아니라 소음원에 대한 도시인의 개념 이해를 교정하고 시각적 보상을 통한 생활 공간의 이미지를 변경하는 다차원적 감각 디자인의 영역이라고 생각한다. 보행자의 관점, 자전거 이용자의 관점, 전동 킥보드의 관점, 할리데이비슨의 관점, 승용차의 관점에 따라 같은 물리적 시각장에 대한 다른 시각적 터치와 청각적 탐색을 통해 도시 음향의 소음 특성을 다르게 해석한다. 관점에 따라(도시 건축과 조경 등 도시 공간에 대한 음향적 기대 심리가) 다른 음향적 변이 變移 구역을 만들 수 있다고 생각한다.

우리는 경험적으로 녹지대의 색채가 갖는, 마음을 진정시키는 효과를 경험적으로 알고 있다. 회색 도로에 회색 자동차 대열의 분주한 움직임을 바라보면 눈과 귀는 피로를 느끼지만, 녹지대 또는 멋진 건축물의 외관은 우리의 시각적 주의를 유도하고(형태로 등장하고) 교통소음을 감춰진 배경으로 만들어 소음 테러를 덜 느낄 수 있다.

도로교통 공간의 인공적인 색채의 설계는(최근에 영국에서는 횡단보도의 밋밋한 흑백을 무지개 색채로 전환하여 보행사고와 소음 피로를 동시에 방지하는 대책을 시행) 사운드스케이프의 미학적 접근을 요구한다. 콘크리트 사각형이 좀비처럼 서성이는 고층 아파트의 주민에게는 모네가 그린 '양귀비 들밭' 그림의 복제품을 걸어 놓고 음향적 고요를 기억하게 하거나 리처드 롱의 '물줄기들' 복제품을 통해 소음 테러의 고단한 일상에 대한 평정심을 얻게 할 수도 있다.

교통소음의 위해성 평가는 소음 노출 환경의 시청각적 상호작용의 기제 이해를 전제해야 하며 향후 소음 방지에 공간 미학 및 기능성 색채를 다루는 전문가의 협업을 고려할 필요가 있다.

최근에 코로나 전염병으로 도시 폐쇄를 경험한 프랑스에서 '15분 도시 15-minute city' 사업이 주목을 받고 있다. 걸어서 또는 자전거나 개인형 이동 수단으로 15분 내의 범위에서 생활, 근로, 의식주, 학습, 레저 등 사회적 기능을 충족할 수 있도록 하는 도시 재생 사업으로, 녹지대를 확충하고, 자동차 주행거리를 감축하고, 지역의 특성을 재발견하고, '오아시스 마당'을 설계하는 개념은 사운드스케이프의 이념과 닿아 있다. 교통소음은 도시 문제이자 지형학적 요인의 복잡한 양상의 발현이므로 음향적 오아시스 마당은 사운드스케이프의 핵심 전략이라 하겠다.

11.3 녹지대와 라우드니스

도시 음향의 사운드스케이프의 질, 또는 쾌적성에 대한 평가는 고전적인 심리 음향 기법으로는 한계가 있다. 왜냐하면 음향적 쾌적성은 차원적이지 않고 범주형 척도로 표상되기 때문이다.[50] 삶의 의미를 갖는 경험 이벤트의 존재 여부가 사운드스케이프 쾌적성의 방향을 결정하며, 교통소음으로 인식하는 순간 평균 소음이 낮더라도 불쾌한 판박이 소리, 클리셰 ^{Cliché} 로 치부할 수 있기에 사운드스케이프는 인간의 다중 감각에 영향을 미치는 인지적 소음 표상의 언어학적 분석 ^{Taxonomy} 의 대상이다.[95]

마스킹 기법을 적용한 인공적인 자연 소음, 예컨대 스위스 베른 ^{Bern} 분더스플라츠 ^{Bundesplatz} '분수 $^{Slot\ Channel}$'는 도시 음향의 의미론적 분류를 구현한 사례이다. 간선도로변 고층 아파트 단지 내 식생 및 수경, 주변 녹지대 조성이 교통소음을 덜 성가시게 느끼게 한다는 관점에서 소음원의 시각적 접촉이 라우드니스 인지에 영향을 미친다는 주장은 아일러와 막스 $^{Aylor/Marks(1976)}$ 가 처음 제기하였고, 소음 환경의 음향적 및 시각적 특징의 인지는 독립적으로 진행되지 않는다고 하였다. 특히 미학적 아늑함을 제공하는 녹지대는 교통소음의 스트레스를 통제하는 데에 유용할 수 있다.

눈을 가리고 같은 음압의 교통소음을 들려주면 같은 크기로 판단하지만,

눈을 뜨고서 녹지대가 조성된 간선도로(A), 방음벽으로 가려진 간선도로 (B), 녹지대나 방음벽이 없이 탁 트인 간선도로(C)의 라우드니스를 비교한 다면 C>B>A 순으로 라우드니스를 판단할 것이다. 이는 소음원의 직접적 인 시각적 피드백과 시각적 가림이 라우드니스를 (심리적으로)조절하는 효 과가 있고, 자동차 도로를 온전히 볼 수 있는 조건보다 부분적으로 가려진 (방음벽) 시각적 보완재(가로수)가 스트레스를 완화할 수 있다는 것을 보여 준다. 방음벽 설치로 실질적인 소음을 감소시켰다기보다 시각적 장애물이 짜증 나는 소음원을 직접 볼 수 없게 했기에 발생한 효과이다. 이렇듯 비록 소음원과 시각적으로 맞닥뜨려도 녹지대의 존재가 기대 소음 수준을 낮추 는 데에 효과적일 수 있다.

이와 관련하여 멀리건 ^{Mulligan} 등은 녹지대율이 높아질수록 음압은 낮아지 는 역함수 관계를 제시하였고, 배경 소음 레벨이 같은 경우 라우드니스는 녹지대율의 변화에 민감하지 않은 것으로 분석했다.[134] 달리 말하면 녹지 대율의 시각적 정보와 대비하여 기대된 배경 소음에 이륜차 굉음의 등장은 라우드니스를 실제보다 훨씬 큰 것으로 느끼게 만드는 요인이 될 수 있다 는 것을 의미한다. 녹지대 접근성이 소음 성가심에 미치는 영향에 대한 체 계적인 연구로 스톡홀름 예테보리 ^{Göteborg} 사례[72]는 간선도로변 주거지에 식생, 조경을 통해 소음원의 시거 차단을 시도하여 심리적 소음 감소 효과 를 보여주었다.

11.4. 사운드스케이프와 도로 설계

1992년 환경과 개발에 대한 UN 의제가 발효되었는데, 지속 가능 도시 개 발 전략에 자동차 교통량을 감축하고 소음 피해를 줄일 수 있는 도시 구조를 건설할 것을 권고하였다. 사운드스케이프는 교통 행위와 사회적 행위의 융합이 가능한 도로 설계를 통해 사회적 교통 공간을 조성하는 한편, 신체적 활동을 촉진하는 모든 형태의 사회적 욕구(통근, 통학, 방문, 레저, 서비스, 쇼핑 등)를 가능케 하는 능동적 교통 Active Travel 을 보장하는, 사회문화 시설의 접근성과 환경적 수용성을 충족하는 가로 High Street 의 혁신적인 개량을 요구한다.

교통안전을 강조할수록 보행, 자전거, PM, 또는 대중교통의 이용을 단념하게 만들고 자가용 이용률을 높이는 딜레마에 빠질 수 있다. 빠르고 쾌적한 교통류를 보장하는 도로의 건설과 유지의 관점에서 사용되는 용량과 서비스의 개념은 도시지역도로에는 의미론적으로 부합하지 않는다. 보행과 자전거, 또는 PM이 중심이 되는 도로의 용량과 서비스란 능동적 교통을 촉진하는 매력적인 공공의 공간과 체류, 휴양 거점의 규모와 중요도로 표현되어야 한다.

능동적 교통을 촉진하려면 도로관리청은 도시계획, 교통안전계획, 도시재생계획, 환경계획, 소음 방지계획, 조명계획, 조경계획, 가로정비계획 등을 조율해야 한다. 교통 약자는 매우 다양한 심신의 역량과 한계를 갖고 있기에 근본적인 불평등이 존재한다. 자동차 교통의 지배적인 위상보다는 능동형 이동 수단을 사회적 삶과 공동체 문화, 공간의 역사 등과 균형 있게 촉진해야 한다. 이때는 소음 취약 시설 여부에 따른 점 단위, 또는 구간 설정이 아니라 교통 특성(통행량, 중대형 차량 비율, 주야간 통행 특성), 속도 현황(최대 속도, 주야간 속도 편차 변이), 시거 조건(장해물, 건물 배치, 사각지대), 보행 교통량(시간당 25명 이상) 등을 고려하여 휴식 공간의 이미지를 운전자에 전달할 수 있는 스트리트 퍼니처를 권장한다.

자동차 통행 속도를 억제하는 매우 간단하면서도 효과적인 대책은 노상 주차면의 설계인데, 이것은 차로 축의 교차 변이 ^{Chicane}를 통해 도로 공간을 시각적으로 구분하여 운전자의 주변 시 $^{peripheral\ vision}$를 활성화하고 시각적 스캔 행동이 주행 속도를 낮추게 하는 것이다.

　공영주차장은 외부 차량 통행을 유발하여 주거 품질을 떨어뜨리는 주범이 되기도 하는데, 주차 시간을 제한하는 주차 구역 운영을 통해 통근 차량의 주차 공간 탐색 교통을 줄여 교통정온화를 달성할 수 있다. 통과 속도, 주거 공간의 품질에 대한 지역 주민의 기대, 제한속도가 구역에 미치는 영향, 진출입로 대비 효과 등을 충분히 검토해야 한다.

　도시지역도로 '안전속도 5030'은 전통적인 도시 교통 구조가 새로운 방식으로 대체될 것을 예견한다. 도로 이용자별로 용량과 서비스를 구분하는 관념에서 탈피하여 교통 구조의 생성을 통해 능동적이고 건강한 삶과 공동체 활성화에 기여할 것이다. 모든 도로 이용자의 공존을 지지하고 촉진하는 공간을 구현하는 대책은 무한하다.

12

소음 예방을 위한 주택 설계

고층 아파트의 규모, 형태 및 배치에 따라 다양한 음장 조건이 형성된다. 도로를 사이에 둔 맞은 편 고층 아파트에 의한 다중 반사는 교통소음의 잔향 시간과 음압 레벨을 높이는 요소로 인식되어 공동주택의 형태, 실내 공간의 배치, 건물의 외관^{Façade}, 창문 등 주택 설계가 교통소음을 예방하는 최고의 대책이 될 수 있다.

2014년 서울 지역의 소음 진동 민원을 살펴보면 전체 환경 민원의 70%를 차지하는 것으로 보고된 바 있다. 국립환경연구원에 의하면 주간(오전 6시~오후 10시)에 도로변 주거 지역 기준치인 65dB(A) 이상의 소음에 노출된 인구는 12.6%이고 야간 기준치 55dB(A) 이상의 소음에 노출된 인구는 52.7%로 절반을 넘었다. 야간 소음 기준을 충족하는 도시지역도로는 전무한 것으로 나타났다. 2015년 서울 야간 소음 수준을 보면 일반지역은 환경기준보다 4~8dB(A)이 높고 도로변 지역은 2~10dB(A) 높아 모두 기준을 초과하였다.[7]

지역 구분	적용 대상지[74]	환경 기준(단위: dB)		소음 현황(단위: dB)	
		주간	야간	주간	야간
일반 지역	'가' 지역	50	40	53.7	48.3
	'나' 지역	55	45	54.0	46.4
	'다' 지역	65	55	61.1	56.3
	'라' 지역	70	65	–	–
도로변 지역 (2차선 이상)	'가', '나'	65	55	67.4	64.5
	'다'	70	60	70.8	67.3
	'라'	75	70	–	–

□ 국내 환경 기준 대비 소음도

---

72) '가' 지역: 녹지, 보전 관리, 농림, 전용 주거, 의료, 학교, 도서관 지역 등
'나' 지역: 생산 관리, 일반 주거, 준주거 지역 등
'다' 지역: 상업, 계획 관리, 준공업 지역 등
'라' 지역: 전용 공업, 일반 공업 지역 등

고층 아파트 단지 건설에 필요한 용지가 부족하다는 이유로 고속도로 변에 우후죽순 주택 용지가 개발되고 있다. 공동주택의 교통소음 방지 대책은 「환경정책기본법(법률 제17857호)」에 의한 「환경정책기본법 시행령」, 「주택법(법률 제17893호)」에 의한 「주택건설기준 등에 관한 규정(대통령령 제31389호)」, 「소음·진동관리법」에 의한 「소음·진동관리법 시행규칙」에서 법적 근거를 찾는다. 「환경정책기본법 시행령」에 의하면 도로변 주거 지역 환경 기준은 주간 65dB(A), 야간 55dB(A) 이하이고, 소음 측정 지점 및 방법은 「소음진동공정시험기준(국립환경과학원고시 제2017-15호」에서 규정한다. 「환경정책기본법」은 단지 면적 300,000㎡ 이상 공동주택 건설 시 환경영향평가를 의무화한다.

「주택건설기준 등에 관한 규정」은 공동주택의 실외 소음도를 65dB(A) 미만으로 제한한다. 단지 면적이 300,000㎡ 미만이거나 교통소음 관리지역으로 지정한 경우, 5층 이하 실외 소음도는 65dB(A) 미만으로 6층 이상은 창문을 닫은 상태의 실내 소음도가 45dB(A)을 초과하지 않도록 해야 한다.

소음 측정 지점 및 방법은 「공동주택의 소음측정기준(국토교통부 고시 제2014-608호)」에서 규정한다. 단지 면적 300,000㎡ 미만이면 고속도로에서 300m 이내, 일반 국도 중 자동차 전용도로 또는 왕복 6차선 이상 도로에서 150m 이내 지역에 공동주택 건설 시 사업 계획 단계에서 도로관리청과 소음 방지 대책을 협의해야 한다.

『소음진동관리법 시행규칙』은 주거 지역 교통소음 관리 기준을 주간 68dB(A), 야간 58dB(A)로 규정한다. 고층 아파트 인근 도로에서 발생하는 소음 진동이 관리 기준을 초과하거나 초과할 우려가 있는 경우에는 해당 지역을 지방자치단체장이 '교통소음관리지역'으로 지정할 수 있고, 교통소음 관리 기준 초과 시 도로관리청의 장에게 방지 대책을 요청할 수 있다.[7]

독일의 경우 연방배출방지규정(BImSchV)[73]에 도시 지역을 토지 용도로 구분하고 주야간 소음 평가 기준을 제시하는데, 주간은 45~65dB(A) 야간은 35~50dB(A) 범위로 주야간 10~15dB(A) 차이를 두고 있다.[205] 우리나라와 비교하면 교통소음에 대한 훨씬 강한 환경 의무를 부과하고 있는데, 이러한 환경 기준의 시행은 70년대 유럽에 교통정온화 붐을 일으키는 동인으로 작용하는 배경이 되었다.

토지 용도	시간대	소음 기준
휴양지, 병원, 요양원, 양로원, 학교	주간 야간	45 dB(A) 35 dB(A)
순수 주거 지역	주간 야간	50 dB(A) 35 dB(A)
주거 지역	주간 야간	55 dB(A) 40 dB(A)
주거·상업 지역	주간 야간	60 dB(A) 45 dB(A)
상업 지역	주간 야간	65 dB(A) 50 dB(A)
산업 단지		70 dB(A)

□ 독일 토지 용도별 주야간 소음 기준

12.1 방음창

수동적 소음 방지 대책의 90%는 방음창 설치인데 주택의 출입구, 덧문(롤러 셔터), 외벽, 천장, 바닥 등의 내장재 등 다양한 자구책을 고려한다. 그 밖에 침실이나 거실에 환기 시설 내지는 냉난방 시설의 환풍기도 수동적

---

73) Bundesimmissionsschutzverordnung (Federal Immission Control Act)

소음 방지책에 포함한다. 건축물 외장재 방음 설계 요소는 창문 외에도 벽체, 천장, 환기 장치, 문틀, 발코니 등이 있고, ISO12354-1에 공기 전달음 계산 방법 및 재료별 특성을 고려한 차음 성능 예측 방법을 규정하고 있다. DIN4109는 건축물 외벽면[74]의 소음 차단 지수[75] 55dB(A)를 권고한다. 함부르크 방음창 Kippfenster(독), tilt window(영) 은 소음 방지 효과가 탁월하고 상부 전후 기울임이 가능한 모델로 개폐 시 소음 차가 18~20dB(A) 가능하고 창이 기운 상태에서는 방음과 통풍의 이중효과를 얻을 수 있다.[108]

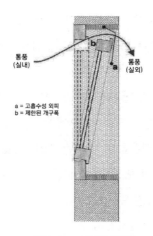

통풍
(실내)

통풍
(실외)

a = 고흡수성 외피
b = 제한된 개구폭

□ 함부르크 방음창 Kippfenster

국내는 드물지만 유럽에서는 흔히 볼 수 있는 건물의 코와 같이 생긴 내닫이창 Bay Window 은 건축물 외장의 흡음재와 창문 구조 등에 의해 3dB(A) 저감 효과가 있다.[108] 차도를 마주하는 방향이 아니라 공동주택의 측면에 창을 달면 3~6dB(A)을 줄이는 동시에 통풍 및 환기가 가능해져 일석이조의 효과를 거둘 수 있다.[195]*

---

74) 주택 건설 기준 등에 관한 규정에 의하면 외벽면은 외기에 면해 창 또는 문이 배치되어 있는 벽면을 말한다.

75) $R_w' = 70 + 10 \lg S - 20 \lg S_G$ S: 주거 면적㎡, SG: 대지 면적㎡ (DIN 4109, 1987)

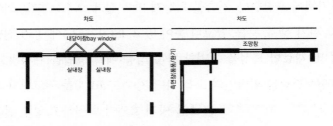

□ 내닫이창(좌)과 측면창(우)을 통한 소음 방지

　　도로 설계와 달리 공동주택에 대한 접근은 건설 계획 단계에 입주자의 요구사항을 파악(소음 민원 가능성 평가)하는 방식으로 방음창의 방음 등급을 6단계로 구분하되 등급1은 25~29dB(A), 등급6은 50dB(A) 이상 방음 효과를 요구한다.[195]*

　　발코니와 파티오 Patio 에 판유리를 끼우면 5~15dB(A), 창가림은 2~5dB(A) 감축 효과를 얻을 수 있다. 그밖에 외벽면 창의 위치를 변경하는 소위 '품질평면도' 기법을 적용하여 적게는 5dB(A) 많게는 20dB(A)까지 소음을 줄일 수 있다. 외벽면의 오프셋 유리 전면과 실내 문틀로 구성된 횡격막과 같은 칸막이벽은 유리창 오픈 발코니로 3~6dB(A) 소음 저감 효과를 갖는다.(Actris Henninger Turm GmbH)

□ 소음 방지용 유리창 오픈 발코니 (Westfassade Turm)

12.2 건축물의 배치

공동주택 단지가 차도 방향으로 정면 또는 측면으로 배치되면 측면 배치가 정면 배치보다 소음 방지에 효과적이다. 20m 이격 시 2.5dB(A) 소음 저감 효과를 기대할 수 있고, 건축물 배치 유형에 따라 10dB 이상의 차이를 만들어 낼 수 있다.[22] 신도시 개발 등 신규 건축 고층 아파트 단지의 경우에는 계획 단계에서 예상되는 소음도와 완공 단계의 실제 소음도 간 상당한 편차가 발생할 수 있기에 주변 토지 용도, 건축 계획, 신설 도로의 제한속도와 교통 수요 예측 등 교통영향평가 결과 등을 면밀히 검토하여야 한다.

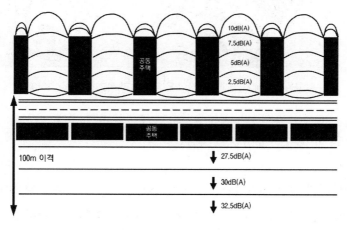

□ 공동주택 측면 배치의 소음 방지 효과 (ADAC, 2006)

도로변 공동주택 단지 사이에 공백 여부가 야간 시간대 소음 피해의 규모에 영향을 미칠 수 있다. 건축물 사이로 소음이 전달되기에 공백을 수목으로 채우거나 외벽면에 흡음재로 만든 간판을 설치하는 것도 소음 방지를 위한 보완 대책이 될 수 있다. 함부르크 도로관리청은 공동주택 신축 시 건

물 간 공백을 최소화하는 설계를 권장한다.[108] 스위스 도로관리청은 독일
과 달리 방음창을 소음 방지책으로 여기지 않고 건축물의 공간 배치를 중
시한다.[95]* 왜냐하면 교통소음이 환경 기준을 초과하면 방음창의 투입은
소음 억제 보완재에 불과하기 때문이다.

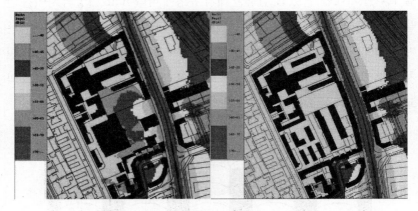

□ 공동주택 배치 형태별 야간 소음 저감 효과 비교 (Koehler, 2010)

12.3 실내 공간 배치

우리나라와 달리 유럽연합은 차도 방향에 단독주택 건축을 허용하지 않
으며 마트나 오피스텔의 경우 5dB 할증을 고려하도록 권고한다.[195]* 교통
소음의 피해를 예방하기 위해 차도 반대 방향에 침실을 배치하면 건설을
허가한다.[108] 건축 설계를 통해 10~20dB(A) 소음 감축 효과를 기대할 수
있으나 교통 운영이나 도로 건설 대책만으로는 목표 달성에 한계가 있다.
건축물 높이에 따라 정원, 창고 등도 5~20dB(A) 소음을 줄일 수 있다.

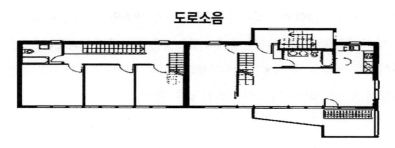

도로소음

□ 스위스의 교통소음 피해 예방을 위한 주택 설계 가이드

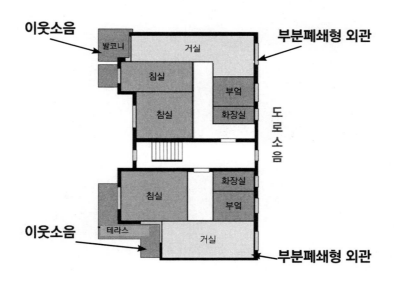

이웃소음

부분폐쇄형 외관

발코니

거실

침실

부엌

침실

화장실

도
로
소
음

화장실

침실

부엌

이웃소음

테라스

거실

부분폐쇄형 외관

□ 독일의 저소음 주택 설계 가이드

공동주택이 간선도로와 직각 또는 약간 비스듬히 배치되었거나 건설 재료의 품질이 낮은 경우 소음에 취약할 수 있다. 교통량이 많은 간선도로변 건축물의 높이를 조정하여 배후 주거지의 소음 노출을 줄이는 기법을 '생활 방음벽 Living Wall' 건축 기법이라 부른다. 국내 도시 계획에서는 소음 감축이 그다지 주목을 받은 적이 없다. 왜냐하면 소음을 도시 개발의 장애 요인

으로 인식하지 않았기 때문이다. 따라서 소음 감축을 위한 도시 계획과 소음 방지 계획 간 연계에 대한 정책의 필요성은 형성되지 못하였다. 생활 공간의 소음 침투를 줄이는 것에는 문제의식이 존재하나 공공의 자유 공간을 어떻게 보호할 것인지에 대한 인식은 낮은 편이다.

13

소음 방지를 위한 교통정온화 설계

지구 단위 변경 계획에 의한 건축 공사가 진행되는 지역에는 어김없이 공사 차량에 의한 소음 피해와 보행 안전에 대한 민원이 발생한다. 자재를 적재·하역하거나 운송 경로상 발생하는 분진과 소음에 대해 주민을 보호하는 대책은 완전하지 않기에 민원 해결이 어렵다. 통상 밤 10시부터 익일 아침 6시까지 공사 행위와 차량 운영을 중지하는 조치를(주말과 공휴일은 근로 시간 준수로 금지) 생각해 볼 수 있으나 공사비에 맞춰 공기를 단축하려는 건설사는 야간 운행을 강행하면서 주민과 첨예하게 대립한다.

전국에 소문이 자자한 만둣가게에 줄지어 들어오는 고객 차량이나 고객을 운송하는 택시가 대기하는 승차장 주변, 버스 차고지 주변의 주택가 주민이 소음 민원을 제기할 수 있다. 특히 동절기 난방을 돌리기 위해 시동을 끄지 못하는 택시와 버스의 엔진 소음에 주민이 피해를 호소할 경우에는 인구의 규모, 소음 발생 지역의 특성(노인 비중, 학교 밀집도 등)을 고려하여 행정 조치의 수위를 결정하는 것이 지자체의 거버넌스 역량을 시험하는 일이다.

첫 배차를 기다리는 노선버스가 새벽 4시 30분에, 또는 차고지로 들어오는 막차가 밤 12시 30분에 15분간 시동을 걸어서 인근 주택가 주민을 깊은 잠에서 깨어나게 한다면 야간의 고요함을 방해한 대가를 치러야 한다. 동절기 차량의 배터리 방전을 예방하기 위해 저온시동능력 Cold Cranking Ampere(약칭 CCA)[76]을 점검하는 행위가 주민의 수면을 방해한다면 정당화될 수 없다.

수면은 공공의 욕구이다. 특히 노인 인구가 밀집한 지역에서는 수면 장애가 심각한 건강 위협의 요인이 될 수 있고 소음 피해의 상당성 Considerableness 이

---

76) 자동차 시동 배터리는 영하 18도에서 시동 전류 30초 후에 저온 시동 능력 수치(CCA)가 7볼트 이하로 떨어지면 방전될 위험이 높아 교체해야 한다.

인정될 수 있기에 소위 먹거리, 쇼핑 거리, 유흥가를 통행하는 원천 교통에[77] 운행 제한 시간을 부과하는 것은 온당한 조치로 볼 수 있으나 관철은 쉽지 않다.

13.1 교통정온화 설계의 오해와 진실

교통정온화는 차도를 보행자에게 돌려주는 대책이다. 보행을 우선시하는 교통 계획의 모범을 제시한 교통정온화 시초는 1970년 초 네덜란드의 Delfter-Model, 소위 본엘프 Woonerf(화란), Wohnhöfe(독), 즉 도로 공간을 다양한 용도의 생활 정원으로 변모시키는 설계 개념이다. Delfter-Model의 원조는 1953년 네덜란드 로테르담 도로관리청이 시행한 보행우선구역 voetgangerszone 에서 시작했다. 자동차 교통을 보행자와 자전거의 속도에 적응시키는 것이 핵심이고, 차도를 다양한 용도의 생활 공간으로 변모시키는 방안이 추진되었다.

네덜란드 교통부는 1976년 도로교통법에 교통정온화를 명시하였고, 1981년 1,500개소 택지에 교통량이 시간당 400대 이하인 보조간선도로에 교통정온화를 적용하였다. 자동차의 통행을 최대한 억제하여 보행자, 커뮤니케이션, 놀이, 경관을 중시하는 음향적 오아시스를 창출하였다.

---

77) 원천 교통source traffic이란 말은 학술적 용어가 아니라 법률적 표현이다. 시가화 지역의 각종 문화 레저 시설의 진출입 차량이 내는 특성 소음(문 닫는 소리, 경적, 급발진/제동 소리, 후진 주차 소리 등)이 소음 민원을 유발하는 근원이라는 의미를 함축한 것이다.[192]

□ 크노플라허^{Knopflacher}의 자동차 바이러스 퍼포먼스

독일은 1981년에 연방교통부, 연방국토연구원, 연방도로청 및 연방환경청이 공동으로 6개 도시를 선정하여 교통정온화 구역 시범 사업을 시행하였다. 핵심은 도시학적, 교통학적, 환경학적 관점을 하나의 설계 모델에 통합하는 시도를 통해 도시 발전 오류의 가능성을 사전에 파악하여 교정하는 시스템적 토대를 구축하는 데 있었다. 이러한 통합 설계 모델은 오늘날 도시 계획의 성공을 가늠하는 잣대로 인식되고 있다.

영국은 1992년에 교통안전뿐만 아니라 삶의 질을 향상하는 대책, 즉 교통소음, 미세먼지, 주거 환경 악화 등을 방지하는 종합 대책으로 Traffic Calming Act을 제정하였다. 지속 가능 교통 선도 모델에 대한 정치적 관심과 관철을 통해 교통정온화 구역은 점차 심화되고 발전되었다. 국내 교통정온화는 「교통정온화 시설 설치 및 관리 지침(국토교통부 예규 제2019-267호)」에 법적 근거를 찾는다. 교통정온화 시설은 막다른 길 ^{cul-de-sac}, 일방통행로, 교차하는 노상 주차장, 과속 방지턱(험프), 내민보도(차로 외측 좁힘), 보행섬(차로 내측 좁힘), 고원식 교차로, 고원식 횡단보도, 파크렛 ^{Parklet}, 화분, 인공 녹지 등을 포함한다. 교통정온화로 필수 교통이 줄어든다거나 지자체의 재정 부담을 가중한다는 것은 오해이다.

교통정온화 시설을 모두 투입하고 전후 주민 반응을 비교 분석한 흥미로운 사례를 소개하면, 독일 노트라인-베스트팔렌[NRW] 주정부는 30개 지자체의 주거지에 교통정온화 재설계를 실시하여 소음 민원이 줄어들었다. 그 이유는 교통정온화 시설 종류별로 소음 감소에 대한 실질적인 효과를 체험했다기보다 지자체가 공사비를 투입해 주민의 불편함을 해소하려는 노력을 기울이고 이를 통해 환경 조건이 나아졌다고 여겼기 때문이다. 교통정온화 시설의 부수적인 효과, 예컨대 눈으로 확인할 수 있는 통행량 및 횡단 위험의 주관적 감소가 소음 저감을 긍정적으로 평가하게 만든 것이다.

다른 한편으로 교통정온화 시설에 대한 부정적인 평가는 자동차를 이용한 교통 행위가 제한받는 것으로 인식한다는 점이다.[97] 교통정온화 시설의 설치가 음압 레벨을 1dB(A) 낮추는 데에 그쳐도 지역 주민이 느끼는 소음 성가심의 개선은 음압 레벨을 6~10dB(A) 줄인 것과 같은 효과가 있는 것으로 분석되었다.[92] 물론 교통정온화 시설의 온존한 효과이기보다는 교통정온화 설계 전후로 차량의 통행량과 통행 속도가 낮아지고 보행 횡단의 위험을 덜 느끼는 요인 등이 복합적으로 작용한 결과로 보아야 하겠다. 무엇보다도 관공서의 투자 행위에 대한 주민의 수용도 내지는 호응도가 클수록 소음 방지 효과를 긍정적으로 평가할 가능성이 있기에 주민이 소음 개선 과정에 주도적인 역할을 할 수 있도록 공무원이 일종의 촉진자[Facilitator] 역할을 맡는 것도 매우 중요한 소음 방지 전략이다.

도로 교통에 대한 소음 민원은 방음벽, 방음창, 저소음 포장과 같은 1차원적인 문제가 아니라 교통정온화 설계를 통해 교통과 도로의 기능 변화를 주민이 얼마나 체감하느냐가 관건이다. 음압 레벨이 얼마나 감소하느냐가 아니라 통행량을 줄이거나 통과 교통을 차단하고 보행자에 대한 운전자의 보호 행위가 향상되어 보행 횡단의 안전성이 높아지는 것을 체감할 수 있는 방향으로 소음 민원의 대처 전략이 바뀌어야 할 시점이다. 왜냐하면 장기간 교통소음에 무방비로 노출되어 피폐해진 정신과 찌든 육체를 경험한 주민은 음압 레벨을 감축한다고 해서 부정적 경험의 기억이 쉽게 씻기지 않기 때문이다.

유럽연합은 2050년까지 도시지역도로 교통사고 사망자 제로를 목표로 'Valletta 선언'을 공표하였다.[78] 이에 오스트리아 교통 클럽 VCÖ 은 도로교통 사망자 90% 감축 대책으로 도시지역도로 30km/h 확대, 주거·상업 지역 교통정온화 설계, 사회문화 시설로 보행자 중심 가로 디자인을 제안하였다.

독일도로교통학회 FGSV 는 보행자의 횡단 수요를 고려한 도로 설계 가이드에 보차 분리를 위한 연석을 제거하고, 노면 디자인 및 사회문화 시설로 공유 공간의 이미지를 형상화했다. 또한 신호기/교통표지/노면표시 제거를 통한 도로의 함축 기능을 강화하고 노변 장애물 제거를 통해 보행자의 동선 시인성을 확보하는 '불안전을 통한 안전' 설계 원칙을 제시하였다.[8]

□ 불안전을 통한 안전 설계 – 루더스베르크 (dvr.de/gutestrassen)

도시설계연합 SRL 은 교통설계 경진대회를 통해 교통정온화 설계 문화를

---

78) https://ec.europa.eu

촉진하는 한편 설계의 복잡성, 혁신 수준 및 계획 간 조율 노력을 평가하여 저소음 도로 성공 모델을 발굴하여 보급하고 있다.[215]

2016년에 불안전을 통한 안전의 설계 철학을 구현하여 우수작으로 선정된 루더스베르크 ^{Rudersberg}(연방 국도가 통과하는 마을) 사례를 보면, 65세 이상 노인 횡단 사고율이 50% 줄었고 화물차 비중도 절반으로 낮춰져 음압레벨이 4dB(A) 감소하였다.[210] 루더스베르크는 보도연석 단차 제로화, 노면 디자인 및 사회문화 시설로 공유 공간 이미지 형성, 신호기/교통표지/노면표시 제거를 통한 도로의 함축 기능 형상화, 노변 장애물 제거를 통해 보행자의 동선 시인성 확보 등 보행자의 횡단 욕구를 우선하는 설계 기준[79]을 적용하여 소음 방지 효과를 거둔 성공 사례이다.[80]

13.2 교통정온화 시설의 유형과 기준

국내는 '교통정온화 구역 설계 매뉴얼'[12] 이후 「도시지역도로 설계 가이드」(국토교통부, 2018), 「교통정온화 시설 설치 및 관리 지침(국토교통부예규 제2019-267호)」[81], 「안전속도 5030 설계·운영 매뉴얼」[3], 「도시지역도로 설계 지침(국토교통부 훈령 제1266호)」이 연속으로 나오면서 저소음 고안전 도시지역도로에 대한 제도 기반이 완성되었다. 「안전속도 5030 설계·운영 매뉴얼」의 경우 미국 NACTO(도시 교통공무원 가이드)[82], 독일 RASt(도시부도로

---

79) Hinweise zu Straβenraeumen mit besonderem Querungsbedarf(특별한 횡단 수요를 고려한 도로 공간 가이드)

80) 공사비는 3.5백만 유로(≒46억)가 투입되었고 저소음 고안전 설계로 마을 공동체가 활성화되었다.

81) 「교통정온화 시설 설치 및 관리지침」은 「도로의 구조·시설 기준에 관한 규칙」 제38조에 따라 설치되는 교통 정온화 시설들의 설치 및 관리에 적용한다.

82) National Association of City Transportation Officials(도시 교통공무원 가이드)

시설 지침)[83])을 벤치마킹하고 「교통정온화 시설 설치 관리 지침」 정합성을 고려하여 개발되었다. 아래는 「안전속도 5030 설계·운영 매뉴얼」에서 권고하는 20m 폭원 도로의 교통정온화 설계 예시이다.

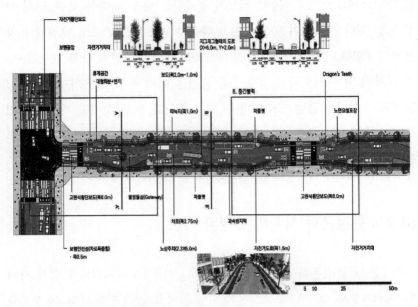

□ 폭원 20m 주거지 도로의 교통정온화 설계 가이드

횡단면은 설계 속도를 표현하는 전략적 도구로 운전자가 도로의 용도를 직관적으로 알아챌 수 있게 만들어야 한다. 아래의 표는 운전자의 85백분위 및 50백분위 기준으로 평균 통행 속도로 제한속도 교통 표지와 노면 표시만 설치할지 교통정온화 시설을 보강할지, 또는 횡단면을 실제 운행 속도에 맞게 재설계할지를 가늠하는 잣대이다.[144]

---

83) Richtlinien fuer die Anlage von Stadtstraß en(도시부도로 시설 지침)

	30구역			30구역 교통표지	횡단면 구조변경 V85 > 38 km/h			
V85	20	25	30	35	40	45	50	Km/h
V50		20	25	30	35	40	45	Km/h
				교통정온화 보완설계				

□ 교통정온화 시설의 투입을 위한 참고

실제 운행 속도를 측정하여 교통정온화 시설의 설치 여부를 결정하는 기준이 정립된 것은 아니지만 기대하는 음 환경을 고려하여 운전자의 85백분위가 38km/h 초과 시 교통정온화 시설을 보강하는 것을 제안한다. 35km/h 미만은 교통정온화 시설이 불필요하고, 30~35km/h 경우 교통 표지, 노면 표시 등 적합성을 검토한다. 35~50km/h이면 교통정온화 시설을 보강할 필요가 있다.

교통 설계 요인	도로 설계 요인
통행 속도 하향(50-30)	보행섬, 물방울섬
화물차 통과 시간 제한	차도 폭 축소 (내민보도)
대중교통전용지구(MMTDs)	시케인(노상 주차장 교차 설계)
통과 교통 억제(cul-de-sac)	노면 디자인(surface design)
녹색교통관리지역(low emission zone)	파크렛(parklet), 미니 공원
전기 자동차 촉진	회전교차로, 블록 포장, 방음벽

□ 소음저감을 위한 교통 및 도로 설계 요인

도로 설계 요소인 보행섬(차도 중앙에 보행자가 잠시 쉴 수 있는 대피섬)은 교통정온화 구역의 관문으로 인식할 수 있는 상징적인 시설로 활용할 수 있다. 제한속도 50km/h 및 30km/h가 맞닿는 교차로 구간의 시·종점에 설치하되, 주행 방향 지시 표지는 시·종점 50m 이전에 설치하고 보행섬 위 통로 폭은 휠체어가 교행하기 위해 최소 1.5m 이상의 유효 폭이 필요하다. 보행자의 동선을 인지하고 시정지 거리를 늘리기 위해 제한속도 30km/h 구간 내 횡단보도의 좌 10m, 우 5m (50구간은 좌 20m, 우 10m)에는 주정차를 불가능하게 설계한다.

□ 제한속도 30km/h 구간 보행섬 (좌: 제네바, 우: 암스테르담)

□ 제한속도 50km/h 구간 보행섬 (좌: 아헨, 우: 제네바)

주차 공간의 회전율이 높지 않거나 특정 지점에서 급제동이 두드러지게 나타나거나 특정 구간에서 보행 횡단 빈도가 높은 경우에 보행섬을 설치한다. 리카르트/스티븐^{Richard/Steven}은 속도와 유속을 기준으로 보행섬 설치를 결정하도록 권장하는데, 예컨대 속도가 빠르고 유속이 고른 마을주민보호구간이나 주거지 도로, 속도가 느리고 유속이 불규칙하고 주차 공간의 회전율이 높은 상업 지역 도로, 속도가 느리고 유속이 고른 상업 지역 도로, 속도가 빠르고 유속이 고르지 않은 간선도로로 구분하여 설치 여부를 결정한다. 여기서 속도 수준이 낮다고 판단하는 기준은 평균 속도가 제한속도보다 10% 이상 낮은 경우로 정의한다. 유속이 고르다고 판단하는 기준은 운전자의 75백분위가 같은 속도로 운행할 경우다. 속도 수준이 낮은 도로는 교통량이 과부하이거나 도로의 선호도가 높은 경우인데, 높은 선호도는 안정적인 유속에 기여한다.

□ 제한속도 30㎞/h 구간 교통정온화 설계 (좌: 수원, 우: 서울)

교통정온화 구역 설계에 대한 필요성은 교통안전, 소음 방지, 도시 재생, 친환경 등 통합적인 관점으로 판단하여야 한다. 특히 친환경 관점은 저속과 고른 유속을 동시에 충족하는 교통 설계(제한속도, 신호연동), 도로 설계(시케인, 보행섬)의 구현이 핵심이다. 과속 단속 카메라는 유속의 불규칙성을 일으켜 속도 편차를 높여 소음을 유발한다. 주간에는 저속과 고른 유속을 보이는 도로가 야간에 점멸 신호로 전환되면 속도 편차가 높아져 보행 횡단 사고의 위험도를 높이는 동시에 소음 민원의 원인을 제공한다. 따라서 주간과 야간의 속도 변화 가능성을 검토하여 저속과 고른 유속이 상시 유지될 수 있도록 도로를 설계해야 한다.

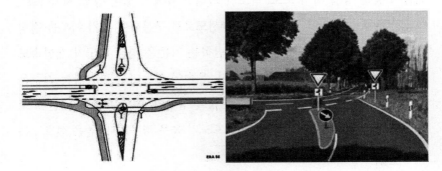

□ 물방울섬 (Reinhold Maier 교수 제공)

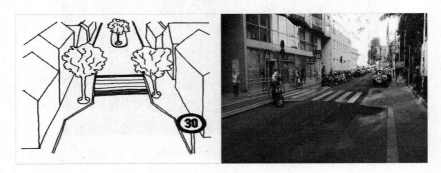

□ 차도 폭 축소 (오성훈 박사 제공)

차도 폭 축소 ^{Choker} 는 차로 외측 좁힘(보도를 차로로 확장하여 진출입 시 속도 감축을 유도하는 내민보도) 등 도로의 횡단면에 변화를 주어 차도 폭을 시각적으로 좁게 함으로써 운전자가 대항 자동차와 교행할 때 접촉 사고의 가능성을 의식하고 긴장하여 감속을 유도하는 인지심리 기법이다.

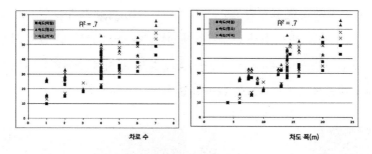

□ 차로 수 및 차도 폭이 속도에 미치는 영향

안산시 관내 어린이 보호구역 30개소를 대상으로 자동차의 통과 속도가 제한속도(30㎞/h)를 초과하는 보호구역에 대해 시설 종류와 통과 속도의 상관 분석을 실시한 결과, 차로 수가 많을수록 차도 폭이 넓을수록 과속하거나 부적정한 속도의 확률이 높아지고, 차로 수와 폭원이 통과 속도의 70%를 설명할 수 있는 것으로 나타났다.[14] 차도 폭이 1m 증가할 때 자동차의 속도는 15㎞/h 증가한다.[64] 아래는 차도 폭을 좁히고 물리적 속도 저감 시설을 병행하면 운행 속도를 허용 범위 내로 통제할 수 있다는 것을 보여준다.

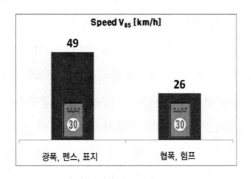

□ 시설 유형과 속도 저감 효과

교통 표지와 노면 표시만으로는 기대하는 속도 저감 효과를 얻을 수 없으며, 반드시 차도 폭 축소가 전제되어야 한다. 30구역 표지판만 설치 시 85백분위 운전자는 평균 49㎞/h 속도를 냈고, 노면 표시를 추가하더라도 평균 44㎞/h 수준으로 제한속도를 위반하였다.

□ 시케인 (윤제용 박사 제공)

시케인 Chicane 은 지그재그 형태의 속도 저감 시설로 운전자의 시각적 고정점을 멀리 두지 않고 근거리 시야를 좌우 스캔하도록 유도하여 운전자가 주행 속도의 감소를 느끼지 않으면서 천천히 통과하게 하는 설계 기법이다. 교통정온화 구간의 제한속도를 30㎞/h로 제한하고자 할 때 7.7~13.8m의 간격으로 시케인을 설치한다. 상업 지역의 경우 도시 물류 차량의 적재·하역 욕구가 높은 구간은 시케인 적정성을 판단하여야 한다.

유럽연합은 보·차분리, 연석, 방호울타리 등이 차도의 자동차 통행우선권을 지시하는 시설로 인식하여 차도에서 보행자의 통행우선권을 함축하는 상징체계를 다각화하는 추세이다. 자동차와 보행자의 공존에 필요한 보·차 공간의 시각적 분리는 블록 포장 재료의 변화와 노면 디자인을 통해 가능하고 설치 비용의 부담이 있는 경우 노면 디자인도 유사한 효과를 제공한[84]

---

84) DIN 32984, RASt, H BVA(배리어프리 교통 시설 지침)

다. 노면 표시의 형태(다양한 크기의 도형)와 색채의 변화는 운전자의 시각적 고정점을 줄이는 동시에 시각장애인에게는 휘도의 대비 효과를 높여 방향 인지를 도와준다.[85]

◻ 노상 미니 공원(Parklet) (좌: 제네바, 우: 오성훈 박사 제공)

  2005년 미국 샌프란시스코에서 처음 노상 주차장의 활용 가치에 대한 의식 형성을 위해 매년 9월 세 번째 금요일에 시행한 'Park(ing) Day'는 '차도 = 공유공간' 문화 캠페인으로 시작하였다가 후에 전략적 도시재생 사업 'WePark'로 앉을 수 있는 도시 cities through sitting, 도시 정원 Urban Gardening 등으로 발전하였다. 차도를 보행자에게 돌려주는 경험은 'Parklet', 즉 노상 미니 공원을 도로 설계 요소로 정착시키는 데에 기여하였다. 이는 산업 시대의 유물인 신호기 등의 교통 시설에 의존하는 형식적 안전성보다 인간의 오류를 허용하는 불완전함의 경험이 사회적 관계를 촉진하고 공동체를 강화할 수 있다는 것을 암시한다.

---

85) DIN 32975, DIN 32984 Luminance Contrast C > 0.4 권고

□ 초소형 회전교차로 (오성훈 박사 제공)

신호교차로의 소음 할증Junction Bonus 문제를 해결하는 방안으로 회전교차로 전환을 권장한다. 회전교차로는 느리지만 천천히 통과하기에 소음 저감 효과가 크고 교통사고의 심도를 낮추는 일석이조의 효과가 있다. 비용적 관점에서도 설치비와 유지 보수비가 신호교차로에 비해 가성비가 높은 편이다. 초소형 회전교차로의 경우 승용차는 중앙 교통섬을 침범하지 않고 통행할 수 있고, 대형차는 중앙 교통섬 일부를 침범하여 통행하는 것이 가능하도록 중앙 교통섬 전체를 노면 표시 또는 완만한 돋움 형태로 처리한다.

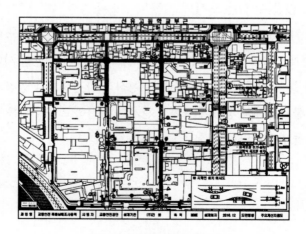

□ 국내 교통정온화구역 설계 사례[14]*

도시지역도로 네트워크에서 30구역 반경이 커질수록 교통정온화 시설의 투입을 최소화하면서 과속이나 부적정 속도를 억제하는 효과를 거둘 수 있다. 주거지 주변이 보조 간선도로로 둘러싸여 통과 교통이 많이 예상되는 주거지 도로는 주거지 진입 전 속도와 주거지 내 속도의 편차가 발생하여 소음을 유발하고 보행 횡단을 위협할 수 있다. 따라서 단일 링크 적용보다는 속도 저감 목표 구간 접속부 전이 구간[86]을 포함한 면 단위로 설계하여야 한다.

13.3 교통정온화 대책의 소음 저감 효과

유럽연합 소음 감축 커미셔너인 베른하르트 베르거 Bernhard Berger 는 교통소음에 대해 조기 사망을 유발하는 질환으로 정의하고 교통정온화구역 확대를 건강과 환경 보호 전략으로 추진하는 구상을 발표한 바 있다.[34] 유럽연합 프로젝트 'REFIT'는 교통정온화구역 전환 설계 시 비용편익 비율이 1:29로 인당 0.18유로 소음 개선 비용을 부담할 것을 제안하였다. 유럽연합은 2013년부터 교통소음 방지를 위한 교통정온화구역 전환 재원 마련을 위해 연대 기금Cohesion Funds 규정(Directive 1301)을 발효하였다. 교통정온화구역 전환 촉진을 위해 'European Green Leaf' 인증제를 통해 저소음 저배출 환경 도시 프로그램을 시행해오고 있다. 이러한 인증 사업은 독일연방환경청이 1998년에 시행한 교통정온화 품질 인증제의 연장선에 있다. 연방환경청은 교통소음과 교통사고를 동시에 줄이는 방편으로 품질 평가 지수를 고안했는데, 매년 주거 수준, 도로 활용도, 휴양 수준, 교통소음 및 어노이언스

---

86) 영국 교통정온화훈령(Local Transport Note 1/07 Traffc Calming, 2007)은 교통정온화 시설 간격이 100m를 초과하면 속도가 증가하고 150m 이상이면 정온화 효과가 없어져 전이 구간의 길이를 최대 150m를 초과하지 않도록 권고한다.

를 토대로 교통정온화 품질을 평가한다.[174]

소음 민감도 (Annoyance)	주거 수준		도로의 기능적 활용도		주거지의 휴양 가능성		음압레벨 dB(A) (DIN 18005)	
	거주자/km2	중요도	토지 용도	중요도	휴양 레벨	중요도	낮	밤
낮음	0~250명	0.25	공업+상업	0.23	직주근접 휴양 불가	0.48	60	50
중간	250~750명	1.00	주거+상업	1.00	직주근접 휴양 가능	1.00	55	45
높음	750~1750명	2.50	순수주거	2.73	녹지대 근접	2.25	50	40
매우 높음	1750명 이상	5.80	요약+교육	6.55	녹지대 산림	3.24	50	40

▫ 교통정온화 품질 평가 지수

교통정온화 대책 유형별 소음 저감 성과를 계량화하는 방법론은 정립되어 있지 못한 상태이다. 유럽연합의 환경소음 방지지침(Directive 49)에는 수면 장애를 겪거나 침해를 호소하는 주민 수의 감소를 성과 지표로 제시하고 있다. 유럽연합 지침과 기준 조화를 위한 방편으로 독일은 RLS-90 정합성을 고려한 '도로의 환경 소음을 위한 임의적 분석 기법 VBUS[87]'을 제안했는데, 신규 도입 평가 지표는 LDay-Evening-Night, LDay, LEvening 및 LNight이고 RLS-90에 제시된 신호교차로 소음할증 K값은 반영하지 않았다. 그밖에 중소형 화물차 비중이 소음 피해를 측량하는 데에 차이가 없는 것으로 간주하는 것이 특징이다. 주거지에 교통정온화구역 설계 시 모든 차량이 30km/h를 준수하리라 가정하지만 교통정온화 시설이 투입되지 않으면 전이 구간 주행 속도의 10% 정도만 감속하여 품질 평가를 왜곡할 수 있다. 왜냐하면 유도선 결여, 불법 주정차, 보행 횡단 수요, 자전거 전용차

---

87) Vorlaeufige Berechnungsmethode fuer den Umgebungslaerm an Strassen(VBUS)

로, 포장 유형, 설계 결함 등은 주행 속도의 불연속성에 영향을 주고 교통소음 음색의 변화를 일으켜 소음 성가심을 유발하기 때문이다. 교통 설계 요인과 도로 설계 요인은 개별적으로 1~3dB(A) 감축 효과를 낼 수 있으나 통합적 설계를 통해 5~10dB(A) 감축의 성과를 거둘 수 있다. 아래는 교통 및 도로 대책의 다양한 조합에 따른 소음 감축 효과에 대한 경험치를 제시한다.[151]

교통 데이터	주거지역 집산도로	상업지역 보조간선도로	마을통과구간 주간선도로	자동차전용도로 고속도로
통행량 대/일	1500	5000	12000	16000
피크시간 대/시	100	300	720	1000
화물차 %	3	6	12	15
평균속도 km/h	50	50	50	100

□ 도로별 교통 데이터

소음 방지 대책	음압 레벨 dB(A) 감축 효과			
	주거·집산	보조 간선·상업	주간선·마을	고속도로
a. 교통량 감축	2 (1500→1000)	3 (5000→2500)	2 (12000→7500)	1
b. 화물차% 감축	1	1	1	1
c. 저소음 화물차	0.5	1	2	2 (100→70)
d. 속도 하향	2.5 (50→30)	2.5 (50→30)	2 (50→30)	3
e. 저소음 포장	3	2	2	

□ 도로별 소음 방지 대책

소음 방지 대책 조합	음압 레벨 dB(A) 감축 효과			
	주거·집산	보조 간선·상업	주간선·마을	고속도로
교통정온화(a+b+d=f)	5.5	6.5	5	3
f+e	8.5	8.5	7	6
f+c+e	9	9.5	9	7
f+c+e+야간통행금지	10	10.5	10	8

□ 도로별 소음 방지 대책 조합 시나리오의 소음 방지 효과

PRR/FIGE 보고서는 방지 대책의 규모가 커질수록 재원의 투입 부담이

가중되고 이익 집단의 반발과 저항이 커지는 문제와 해법에 대해서는 언급하지 않았다. 포프 [Popp] (2003)은 속도 하향과 포장재의 소음 저감을 분석한 결과, 50km/h → 30km/h 감축 시 4.7dB(A) 소음 저감 효과가 있고, 포장재에 따라서 최대 4~7dB(A) 소음을 줄일 수 있다고 보고하였다. 2007년에 마주르 [Mazur] 등이 교통소음 방지에 투입되는 교통 및 도로 대책의 소음 방지 성과를 정리하였다.[126]

소음 방지 대책 유형	성과 지표	소음 감소 효과
회피 대책: 녹색교통 체계 촉진		
도시·교통·도로계획 통합	수단 전환[90] modal shift	·자동차 30%↓ 1.5 dB(A)↓ ·자동차 50%↓ 3 dB(A)↓ ·자동차 90%↓ 10 dB(A)↓
토지 용도 혼합		
다수단Muiltimodal 촉진		
모빌리티 관리Mobility Management		
회피 대책: 지속가능 도시물류		
철도 물류 촉진	군집 운송 fleet management 화물차% 감소	·화물차 10%→5% 1.8 dB(A)↓ ·화물차 10%→1% 3 dB(A)↓ ·1대 화물차≈10~20대 승용차
환적 시설 최적		
복합물류센터Freight Village		
택배·배달운송Last Mile		
전환 대책: 자동차 교통 Bundling		
도로 위계(도시지역도로)	주간선도로의 교통효율	·교통량 30%↓ 1.5 dB(A)↓ ·교통량 50%↓ 3 dB(A)↓ ·교통량 90%↓ 10 dB(A)↓
교통 제어		
우회 도로		
교통 신호		
감속 대책: 자동차 교통 속도 하향		
·속도 하향	소음 스트레스 감소	·130→100km/h 1 dB(A)↓ ·130→80km/h 1.5 dB(A)↓ ·50→30km/h 2.4 dB(A)↓ ·40→30km/h 1.2 dB(A)↓
·교통정온화구역 설계		
·홍보/계몽		
연속성 대책: 교통류 연속성		
·Green Wave[91]	가·감속 회피	·2~3 dB(A)↓
·로드다이어트		
·자전거전용차로(30존)		
·자전거선출발포켓(50존)		
소음원 감축: 저소음 포장재 투입		

·저소음 아스팔트 재포장 ·블록포장 ·저소음 블록포장 ·아스팔트를 블록으로 대체	타이어 마찰 소음 감소	·재포장 0.5~1.5 dB(A)↓ ·SMA[92] 포장 2~3 dB(A)↓ ·OPA[93] 포장 〉50㎞/h ·승용차 6~8 dB(A)↓ ·화물차 4~5 dB(A)↓
능동적 방음 시설: 차음 성능		
·방음벽, 방음터널	소음 전파 차단	·방음터널: 소음원 제거 ·방음벽: 5~15 dB(A)↓
능동적 방음 시설 : 이격 거리 확대		
·차도 폭 축소 ·자전거 전용차로 설치	이격 거리 증가	·이격 거리 2배 증가: 3 dB(A)↓ ·12m→15m: 0.5~1.0 dB(A)↓ ·10m→15m: 1.5 dB(A)↓ ·10m→20m: 3 dB(A)↓
수동적 방음시설: 방음 주택		
·방음창 ·격리 환풍기 ·롤러 셔터	·건축물 외벽면	·방음창(VDI 2719) Class 1 : 25~29dB(A)↓ ·방음창(VDI 2719) Class 6 : 50dB(A)↓
·발코니 판유리 설치	·건축물 외벽면	·건설유형에 따라 5~15dB(A)↓
·외벽면 흡음재 처리	·반사음 감축	·건설유형에 따라 2~5dB(A)↓
건축물 개축/신규		
·기본설계 품질	·건축물 후방 침실	·흡음 차폐 5~20dB(A)↓
·조립 간이주택, 완충구역 ·건축물 사이 공터 채움	·소음 차폐 건축물	·흡음 차폐 5~20dB(A)↓
신도시/재개발/가로 주택 정비 사업		
·건축물 구조 변경	·건축물 높이/위치	·흡음 차폐 5~20dB(A)↓
·택지 개발/용도 변경	·소음에 민감하지 않은 용도로 변경 ·소음취약지역 주거용도 제거	·허용 음압 레벨 ·소음 분쟁 해소

▫ 소음 방지 대책의 유형별 소음 저감 효과

---

88) 녹색교통(보행, 자전거, 대중교통) 촉진을 통해 취리히 72%, 프라이부르크 61% 승용차 통행을 줄이는 성과를 달성하였다.

89) 신호교차로가 연속으로 위치한 간선도로에서 상류부 교차로의 녹색신호 시작 시점과 하류부 교차로의 녹색신호 시작 시점의 차이[offset] 설계를 통해 녹색신호 연동 처리

90) Stone Mastic Asphalt : 석재 포장을 의미하며 블록 포장도 SMA 일종임

91) Open-Poured Asphalt : 다공성 아스팔트를 의미하며 Porous Mastic Asphalt(PMA)로 표현함

유럽연합은 교통소음을 방지하기 위해 도로의 구조 변경에 투자하기 보다 승용차의 효율적 관리, 도시 물류 전기차 촉진 [Last Mile] 등 교통 대책을 권장한다. 이에 FGSV는 유럽연합 지침을 준용한 교통 설계 가이드를 발표하였는데[56], 대기 오염 방지 대책의 종류별 소음 저감 기대 효과를 3등급(<1.5dB(A), 1.5~3dB(A), >3dB(A))으로 분류하여 제시하였다. 대기 오염 방지 대책의 성과 지표는 교통량과 화물차 비중의 감소 규모로 정의하였다.

대기 오염 방지 대책	성과 지표	소음 저감 효과
도시/교통 계획의 통합	·교통량 감소 30%↓ → 1.5dB(A)↓ 50%↓ → 3dB(A)↓ 90%↓ → 10dB(A)↓	1.5~3dB(A)
도로 용도의 융합use mix		1.5~3dB(A)
녹색 교통 수단, 다수단 촉진		1.5~3dB(A)
자동차 교통 제한		>3dB(A))
모빌리티 관리MM		
언론홍보PR		
화물차 감차, 철도 물류 촉진	·화물차 비중 감소 10%→5% → 1.8dB(A)↓ 10%→1% → 3dB(A)↓ (1 화물차 ≈ 10 승용차)	1.5~3dB(A)
다수단 연계MaaS		
복합물류센터freight village		1.5~3dB(A)
도시 물류last mile		

□ 대기 오염 방지 대책의 소음 저감 효과

포프 [Popp] 등(2016)은 교통정온화 대책에 대해 속도 감소, 소음 저감, 투자 비용, 주거 품질의 평가 지표로 교통정온화 성과를 추정하였다.

교통정온화 시설	속도 감소	소음 저감	투자 비용	주거 품질
30구역	2km/h	1dB(A)	낮음	중립
험프	25km/h	3dB(A)	중간	악화
보행섬	5km/h	1.4dB(A)	높음	양호
회전교차로	25km/h	3dB(A)	높음	양호
시케인	5km/h	1.4dB(A)	중간	악화

| 블록포장 | 효과 없음 | 1dB(A) | 높음 | 양호 |
| 고원식 험프 | 20km/h | 3dB(A) | 높음 | 양호 |

▫ 교통정온화 성과지표 (Popp 등, 2016)

주거 품질, 즉 수면을 방해받지 않는 조건이 양호한 대책으로 보행섬, 회전교차로, 블록 포장, 고원식 험프를 권장하였다. 30구역은 투자 부담을 최소화하면서 저감 효과를 낼 수 있는 대책이다.

소음 방지 대책의 저감 효과에 대한 여러 문헌을 검토하여 교통정온화 설계 요인의 최대 감소치를 아래와 같이 제시한다. 교통정온화 구역은 일반 구역보다 최소 6dB(A) 낮게 설계되어야 한다.

교통정온화 설계 요인	소음 감축 효과 dB(A)											
교통량 50% 감축	1	2	3	4	5	6						
화물차 통행 금지	1	2	3	4								
50km/h → 30km/h 하향	1	2	3	4	5	6						
50km/h → 40km/h 하향	1	2	3									
과속 단속 카메라 설치	1	2	3	4								
통행 속도 균질성 확보	1	2	3	4								
이격 거리 2배 확대	1	2	3	4	5	6	7	8				
자전거 전용차로 설치	1	2	3									
보행섬 설치	1	2	3	4								
녹지대 조성	1	2	3	4								
회전교차로 전환	1	2	3	4	5	6						
30구역 블록포장	1	2	3	4	5	6	7	8				
50구간 블록포장	1	2	3	4	5	6	7	8	9	10	11	12
저소음 포장	1	2	3	4	5	6						

▫ 교통정온화 설계 요인별 소음 감축 효과

13.4 교통소음 방지의 주체와 역할

교통소음 피해 지역 주민이 개선 과정 초기부터 동참할수록 교통정온화 구역 설계에 대한 주민의 수용도와 만족도가 높아진다. 주민의 안전과 건강의 관점에서 교통정온화 구역이 지향하는 목표(예: 수면의 품질, 휴양 가치, 사고 예방)에 대한 공감대를 형성하고 체험을 구체화 필요가 있다. 왜냐하면 교통정온화 구역 선정 및 설계의 품질 관리는 소음 배출이 건강에 미치는 위험성을 인지하는 공무원과 주민의 인식 수준으로 결정되기 때문이다. 저소음 고안전 도로 설계 과정에 피해 주민이 참여하여 설계 워크숍 Planning Workshop[92]을 수행하는 주민 주도형 소음 평가 및 방지 과정이 필요하다.

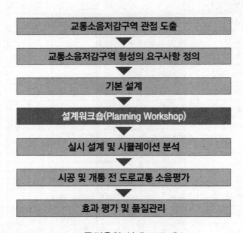

□ 교통정온화 설계 프로세스

---

92) 유럽연합은 자가용을 억제하고 자전거 통근 및 통학을 유도하기 위해 학생과 선생, 학부모, 직장인, 시민단체, 엔지니어, 자치경찰이 공동으로 설계 평가를 수행하여 안전한 통학·통근, 경로상 도로교통 시설의 공학적 단서를 설계에 반영하는 절차를 운영하고, 개선 대책은 도로관리청 홈페이지, 지역 뉴스 레터지 등에 게재한다.[13]

1992년에 지속 가능 전략에 대한 리오 선언 Agenda21 에 담긴 내용은, 도시지역도로를 사회적 교통 공간으로 설계하고, 성평등 Gender Mainstreaming 을 구현하기 위해 주민과 공무원이 함께 학습하고 변화의 경험을 축적하는 것이다. 주민 참여의 성패는 주민의 자발성이 결정적이므로 다양한 체험 프로그램, 마을 발전 비전을 제시해야 한다. 사업의 '기획-시행-조정-평가'의 'Plan-Do-Check-Act'를 주민이 이해하여야 한다. 교통소음 방지를 위한 교통정온화 구역은 주민이 만들고 주민이 완성하는 Story Living이다.

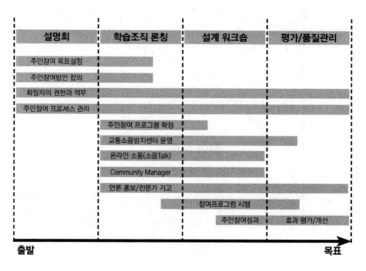

□ 교통정온화 구역 품질경영 시스템

교통정온화 구역의 설계 과정에서 주민의 역할이 매우 중요한 지점은 설계 워크숍이다. 여기서는 교통소음 민원 지역의 피해 현황, 시설 결함, 발전 비전, 개선 욕구, 보행 안전, 휴양과 체류, 교통소음과 미세먼지, 녹지대, 도로 이미지, 도시 매력도, 공동체 정체성 등을 파악하여 설계 워크숍의 방법과 절차를 수립하고 교통정온화 설계 기법에 대한 학습, 주민의 개인적 기여와 역할을 정의한다. 소음 방지 전문가는 교통정온화 구역의 요구 특성, 소음 방지 대책의 장단점, 혁신적 아이디어 등 설계 이슈를 보고하고, 주민과 현장 실사를 통해 공학적 단서를 도출하며, 설계 주제별(예: 수면 품질, 학습 성과, 휴양/만남, 상가 방문) 관점을 이해하고 발표·토론한다. 또한 소음 방지 전문가의 피드백(워크숍 전후 찬반 비율 변화) 등 주민 참여 플랫폼을 운영하여야 한다.

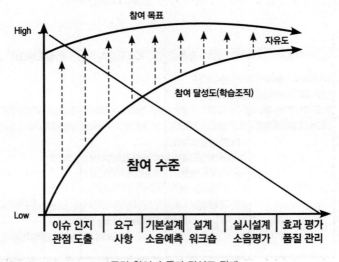

□ 주민 참여 수준과 달성도 관계

주민 개개인의 참여 수준이 다르기에 목표에 대한 이해와 달성도의 차이를 고려하여 정보(팸플릿, 지역 신문), 토론(공청회, 설명회, 간담회), 설문(설문, 라포), 협업(워크숍, 시찰, 점검, 평가), 제작(DIY, 디자인, 설치) 등 주민 참여의 형식을 적절하게 적용해야 한다. 설계 과정의 참여도가 매우 낮다면 소음 문제에 대한 인식을 강화하고 개인적 관점을 도출하는 데에 집중하는 프로그램을 운영하고(주민과 공동체를 이해하는 커뮤니티 매니저

Communigy Manager 와 공조하고) 참여도가 높으면 소음 측정과 평가 기법에 대한 기술적 역량을 높이는 퍼실리테이터 Facilitator 기능이 소음 방지 전문가의 역할이다.[199] 따라서 교통소음 방지는 관 주도의 지시적 Denotative 해결책이 아니라 주민 주도의 함의적 Connotative 해결책을 공동 설계하는 과정이고(거창한 고비용 해결책보다 당장 개선이 가능한 모듈 사업을 발굴하고) 교통정온화 구역은 신호기, 과속 단속 카메라가 필요하지 않은 잠자는 경찰관을 설계하는, 시청각적 융복합 대책의 조화를 통해 휴양 및 건강 증진 가로(음향적 오아시스) 형성으로 주민의 건강한 음 환경 및 삶의 질 개선을 지향하는 설계 철학을 표방해야 한다. 데시벨은 소음의 건강 피해를 예측하지 못하며, 소음 민원은 은폐된 다차원적 원인의 거미집과 같기에 1차원적 소음 방지의 사고에서 탈피하여 다양한 대책의 적절한 융합 역량을 갖춰야 한다. 주민의 열정과 확장자의 의식화, 공무원의 목표 달성에 대한 헌신, 소음 방지 전문가의 이해와 창의성의 합작품을 지향하되 주민의 참여 수준이 소음 방지 성패를 가르는 분수령이다.

14

정책의 융합

국내 소음·진동규제법 제28조 1항(교통소음 · 진동규제지역의 지정)에 "시도지사는 주민의 정온한 생활 환경을 유지하기 위하여 교통 기관으로 인하여 발생되는 소음, 진동을 규제할 필요가 있다고 인정되는 지역을 교통소음·진동 규제 지역으로 지정할 수 있다."고 명시하고 있다. 그러나 주택가, 시장 및 학교 지역 등 보행자 밀도가 높고 보행 환경이 열악한 주거 지역을 보행 안전 및 소음 규제 지역으로 통합 설계하는 Policy Mix 근거가 부재한 형편이다.

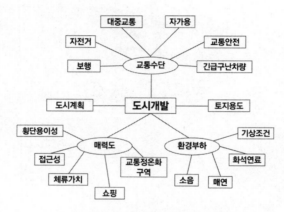

□ 도시 개발 관점에서 본 교통소음 방지

유럽연합은 교통소음 방지를 위해 도시계획, 교통계획, 환경계획의 통합적 설계를 권고한다. 교통소음 방지를 도시 계획 및 도로 설계의 관점에서 접근하거나[154], 교통소음 방지 계획의 우산 아래에 유관 대책의 자원을 통합적으로 설계하는[153] 관점의 공통점은 부처/부서의 다양한 자원을 삶의 질 개선이라는 공동의 목표로 조율하는 것이다. 독일은 1990년에 연방소음 방지법(BImSchG) 제47조에 교통소음 피해가 예상되는 주거지에 유관 계획의 조율을 통한 소음 방지 종합 대책 수립을 의무화하였다.

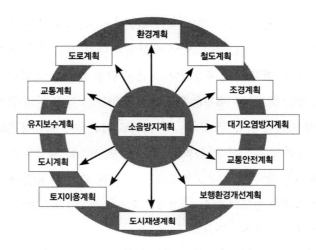

□ 소음 방지를 중심으로 본 유관 계획의 연계

　단순히 음압 레벨을 낮추는 대책의 경직된 우선순위를 매기기보다 유관 계획의 재정 조건과 대책 유형을 검토하여 종합 대책을 수립할 필요가 있다. 면 단위 도시 계획은 지구교통 대책, 녹색교통수단의 역량을 최대한 활용하는 도시 교통 체계를 구성한다. 구간 단위 교통 계획은 속도 하향, 일방통행, 대중교통전용지구 등 자동차 교통을 분산 또는 억제한다. 점 단위 도로 설계는 차도 폭을 줄이고 보행섬, 시케인, 미니 공원, 회전교차로 전환 등을 추구한다. 이렇듯 다양한 재원의 조율을 위해 지자체는 소음 방지 협의체를 구성할 필요가 있다. 거버넌스의 성패는 유관 부처(서)가 조기에 조정하는 절차와 조직 구조에 얼마나 권한을 행사하는가에 달려 있다.[121]

14.1 유관 계획과 소음 방지의 연계

　신도시, 재개발, 가로주택정비사업 등과 연계한 신규 도로의 공사 내지는 토지이용계획, 도시정비계획과 연계한 운영 도로의 변경 사업은 소음 예방 대책의 일환이지만 기존 도로 시설을 손대지 않고 소음 피해를 줄이는 것은 소음 위생 대책에 해당한다. 소음 민원을 유발할 수 있는 교통축을 언급하지 않는 토지이용계획은 완전하지 못하고 소음 민원의 원죄를 갖는다. 소음 방지는 구간 단위보다는 면 단위로 접근해야 교통정온화 설계의 효과를 극대화할 수 있다. 방음벽, 저소음 포장, 저소음 차량은 소음원에 대한 Spot 효과를 줄 수 있으나 교통소음은 면 단위, 즉 생활 공간에 대한 Area 효과를(밤에 깨는 빈도의 감소, 시청각적 힐링 효과 등) 체감할 수 있는 구역 단위 교통정온화 설계가 필요하다.

토지이용계획 단계부터 교통소음을 원천적으로 차단한 선진 사례가 있다. 독일연방도로청 BASt은 연방국토공간청 BfLR, 연방환경청 UBA과 공동으로 6개 지역을 대상으로 토지이용계획, 도시건설계획, 교통계획, 환경계획을 통합하여 저비용으로 도시 발전의 오류를 방지할 수 있는 시스템적 토대를 마련하였고, 이러한 통합 모형은 오늘날 자치단체 도시 계획의 성공을 가늠하는 근거가 되고 있다.[46]

도시 발전의 환경학적 관점은 자동차 통행량을 줄여 보행 횡단의 안전성을 확보하고 자동차가 차지하는 횡단면을 축소하여 친환경 교통수단(보행, 자전거, 전동 킥보드 등)의 체류 및 휴양을 위한 면적에 부합하는 방향으로 폭원을 변경하는 것이다. 친환경 교통수단을 위해 30구역을 확대하는 한편, 자전거 전용차로를 개설하고 대중교통 인센티브(예: 알뜰 교통 카드)를 통해 자가용을 덜 운행하도록 유도해야 한다. 궁극적으로 '가로 Street = 체류 공간, 휴양의 장소 또는 가까움에 대한 발견'이라는 설계 철학을 구현하는

---

93) 개인 이동 수단 Personal Mobility (약칭 PM)

것이다.

교통정온화 구역 설계의 기대 효과는 교통 통제 및 클러스터링, 속도 감소와 저속 운전 습관을 형성하는 것이다. 교통 통제는 주거지나 휴양지 등을 통과하는 화물차나 이륜차 교통을 차단하고 덜 민감한 교통로로 유도하거나 제한속도를 하향하는 등 교통을 억제하는 것이다.

주거지 통과 교통의 제한은 간선도로에 교통을 집산시켜 음압 레벨을 높일 수 있기에 저소음 포장, 제한속도 하향, 가로 녹지화, 방음창 등 보조 대책을 고려해야 한다. 속도 감소와 균질적인 운전 태도 유도를 위해 간선도로는 시속 50㎞, 주거·상업 지역은 시속 30㎞, 순수 주거 지역은 시속 20㎞로 체계적인 속도 구역 개념을 정착시켜야 한다. 교통정온화 시설을 투입하지 않고 제한속도 30㎞ 표지판만 세운다면 평균 속도는 2~4㎞/h 감소에 그치지만 보행섬, 차로 외측 좁힘, 시케인, 고원식 교차로 등 교통정온화 시설을 투입하면 평균 속도 10~15㎞/h 감소하고 보행 횡단 사고를 절반으로 감축하는 성과를 얻어낼 수 있다.[92]

자동차 교통은 환경과 결부된 매우 복잡한 심리적 스트레스 요인이다. 교통소음에 대한 성가심은 생활환경의 개선 노력, 즉 관공서가 소음 방지를 위한 적극적인 투자 행위를 보여주어야 향상될 수 있다. 도로 계획에 교통정온화 시설을 투입하면 주민은 교통량이 줄고 차도의 용도가 바뀌고 보행 횡단의 위협을 덜 느낄 것이다. 도로 교통 설계사는 보행, 자전거의 단절이 없는 네트워크(세계에서 가장 긴 보행 우선 구역을 가진 나라는 이탈리아 예솔로Jesolo이고 연장은 13㎞에 달함) 구축으로 보행자가 도로의 중심이 되고 어린이 친화적인 도로를 만들 책무가 있다.

그러나 신도시, 택지, 관광지 개발로 도로가 확장되어 자동차 통행량의 증가로 발생하는 소음 민원은 기괴한 방음벽의 설치로 종결된다. 문제는 방음벽이 원인자 부담 원칙을 배반하여 오히려 피해자를 성벽에 가두어 소음 원인을 제공하는 자동차가 거침없이 내달리는 환경을 만드는 딜레마에 있다. 도로 교통 설계사는 교통소음으로부터 분리된 음향적 오아시스, 즉 도시 지역에서 걸어서, 자전거로, 전동 킥보드로 접근이 가능한(집에서 반경 3㎞ 범위를 직주 근접으로 본다면) 교통정온화 구역을 창출할 책무가 있다.

14.2 교통과 환경의 통합적 접근

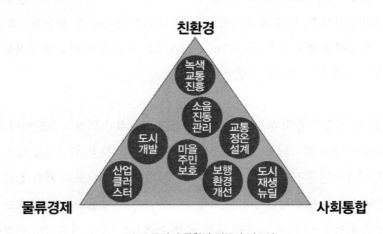

□ 도로 공간의 통합적 접근의 필요성

유럽연합은 교통소음을 조기 사망을 유발하는 질환으로 정의하고 교통정온화 구역 확대를 건강과 환경 보호 전략으로 인식한다. 주민이 시청각적으로 느끼는 음 환경이 관건이기에 휴양 공간(녹지대)의 설계는 중요한 소음 방지 해결책이다. 건축물의 외벽면, 담장, 역사 기념물 등 시청각적 종합 설계를 통해 주거지의 사회문화적, 공동체적 가치를 구현하는 것이 소음 방지의 궁극적인 목표가 되어야 한다.

교통정온화 설계는 보행자의 통행우선권을 자연스럽게 인식시키고 가로의 공동체성을 구현하고 음향적 오아시스를 만드는, 도시의 재생을 위한 전략적 도구 Strategic Urbanism 이다.

도시에 적합한 교통 운영, 즉 느리고 균질적인 속도 관리는 교통소음과 미세먼지를 확연히 줄이는 효과가 있다. 교통정온화 설계는 주행 속도를 낮추고 균질적인 차량 흐름을 보장한다. 느린 도로는 주차 공간을 많이 요구하지 않는다.

교통정온화의 중요한 성과 중의 하나는 두말할 나위 없이 교통안전의 향상이다. 보행 밀도가 높은 12m 이하 이면도로에 자동차 통행의 최소화 및 운행 속도 억제, 차도 폭 축소 및 보도의 확충 등을 통해 교통소음, 미세먼지 등 환경 공해를 완화하거나 해소해 쾌적한 주거 환경을 조성할 수 있다. 또한 긴급 구난 차량의 통행 지장 요인의 해소로 방재 기능을 확보하고 주민 참여에 의한 공동체 생활권 회복으로 사회적 연대 의식을 꾀할 수 있다. 교통정온화는 도시 재생의 궁극적인 목적과 부합한다.

소음 방지 계획의 보호 목표는 소음 저감이나 교통정온화 설계를 통해서만 보호 목표의 실제적인 구현이 가능하다. 1992년 영국은 교통소음을 방지하고 보행 안전을 향상시키기 위한 정책의 일환으로 교통정온화법 Traffic Calming Act 를 발효하였고, 런던교통청은 교통소음과 미세먼지 저감을 위한 저배출 구역 Low Emission Zone 을 통해 자가용의 통행을 억제하고 있다.

소음방지계획

교통정온화설계

승용차억제
대중교통촉진

보행/자전거
통행우선권

저탄소
저소음

자동차1만대당
사망자수 감축

속도억제시설
횡단보조시설

교통안전
도시

인간행동오류
허용도로설계

Low Traffic
High Mobility

저소음
도시

교통사고
사망자수 감축

어린이/고령자
활동특성보장

이용자관점
도로기능/의미

도로=체류가치

▫ 교통안전과 소음 방지의 상호 영향 관계

　　오늘날 교통 기술은 소통 방식의 변화를 유발하여 이용자의 교통 행동
에 지대한 영향을 미치고 있다. 고령화와 장애화가 동시에 진행되는 사회
로 진입한 우리나라는 도시 계획에 새로운 백만 달러 질문^{Million-Dollar-Question} (교
통약자 중심의 보행환경, 교통소음 · 미세먼지 피해 방지, 기후변화 적응, 교
통물류의 지속가능성 등 통합 설계)에 봉착한 형국이다. 연령 및 가족 구조
의 변화에 따른 모빌리티 방식의 변화, 고령화 및 장애화에 따른 교통 시설
이용 능력의 제한, 여가 문화의 다양화와 주행 거리의 증가, 도심으로의 귀
환[94] 등 도시 건설은 빠르고 쾌적한 교통이 아니라 접근, 안전, 환경, 건강 등
보호 목표의 우선순위가 달라지기에 교통안전과 공해 방지를 분리하지 않
고 통합적으로 다루어야 한다. 무장애 보행 환경, 보행 사고 예방, 고용/교
육 기회, 장애우 접근성, 경제권역, 원자재 소비, 사회 연대, 대기 환경, 교통

---

94) 지역 교통망이 확대, 개선되면서 인적, 물적 자원이 도시로 집중되는 현상이 심화하는 것을 빨대 효과^{Straw Effect}
　　라 한다. 교통망 확충으로 도심 인구 불균형이 완화되는 일명 '분산 효과'^{Urban Sprawl}를 기대하지만 도시지역도로
　　의 승용차의 단기 주행 거리가 오히려 늘어날 것으로 예상된다.

소음, 미세먼지, 생활 여건, 건강 유지 등 교통과 환경의 통합적 평가에 대한 논의를 시작해야 한다.

프랑스의 경우 환경영향평가는 재무조사국과[95] 교량·도로위원회가[96] 함께 도로 사업의 지속 가능성을 평가한다. 스웨덴 교통부 Vägverket 는 평가모형 'EVA' 기반 도로 사업의 차량 유지 및 운영 비용, 화물 운송 비용, 교통소음 피해 비용, 유지 보수 비용, 쾌적성 비용 등을 종합적으로 진단한다.[194]

오스트리아 교통부는 도로 사업의 저항 요인, 민간의 참여, 재정 정책의 조건 등을 환경영향평가 지표로 삼는다.[36] 도로 사업의 환경영향평가는 모든 교통 시설 및 수단을 아우르는 통합적 예측, 교통 시설 및 수단 간 상호 작용 등을 검토하는 것이다.

독일연방교통부는 도로 사업의 환경영향평가 시 여객·화물 운송의 지속 가능성, 일자리를 보장할 수 있는지, 토지·주거 구조가 지속 가능한지, 자연·조경·재생이 불가능한 자원의 이용을 억제할 수 있는지, 교통소음과 환경 공해를 줄일 수 있는지, 사회적 통합을 촉진할 수 있는지 등을 검토한다.[37]

독일의 환경영향평가는 사회경제 비용 추정, 비용 편익 분석, 공간 영향 분석, 환경 위험 평가, 그리고 일자리 창출 효과 추정으로 구성되어 있다. 특히 공간 영향 분석은 교통 체계의 효율성(통행 시간, 비용 감소)만을 고려하지 않고 사회문화적(사회적 통합, 양극화 해소, 지역 정체성 보존) 및 환경적(교통소음, 배출 피해 방지) 지속 가능성을 종합적으로 진단한다. 또한 국토 정비 법령의 균형 발전과 수단 전환이라는 교통 철학에 기초한다. 1986년

---

95) Inspection Générale des Finances (프랑스 금융감독원)

96) Conseil Général des Pontes et Chaussées (프랑스 도로교량검사원총회)

부터 연방국도건설사업의 환경영향평가 시 마을주민 보호구간 교통량 감축 및 수단 전환 효과를 강조하기 시작하였는데, 이는 도로 건설을 교통 물류 기능 측면이 아니라 주거지의 환경 공해를 방지하는 도시 생태를 보호 목표로 다룬다는 것을 보여준다.[10]

네덜란드의 경우, 1970년 후반부터 승용차의 요구를 충족하는 도로 건설은 훌륭한 정책이 아니라는 인식이 일찌감치 형성되었다. 왜냐하면 승용차 중심 도로 정책은 삶의 질 향상에 기여하지 못하기 때문이다. 도로 위 혼잡 문제는 사회경제적 손실 비용뿐만 아니라 교통소음이나 미세먼지에 의한 건강 피해 비용, 지역 불균형, 사회 연대 의식의 약화 등 다각적인 피해를 유발한다. 과도한 통과 교통에 의한 교통소음은 '시설을 건설하면 수요가 창출된다'는 1차원적 사고에서 환경 공해를 줄이는 지속 가능 사고로 전환하는 계기를 마련하였다.[195]

우리의 귀는 개방적이고 동시에 수동적이기에 고통을 당할 운명이다. 교통소음은 교통 문명을 운영하는 한 지속되는 두통거리이지만 동시에 우리에게 경계심, 자의식, 적시 조정 ^{Timely Tweaks} 의 과정을 반복하면서 인간의 영향을 자각하고 억제하는 능력을 함양하라는 숙제를 던진다.

녹지화는 교통 문명의 영역을 생태 문명의 영역으로 전환하는 사업이다. 교통소음의 방지는 심리적 환경 디자인을 고려하고 녹색교통수단을 활용한 능동적 교통 ^{Active Travel} 행위의 촉진을 전제하여야 한다.

교통소음에 대한 환경 민원은 경제적, 문화적 불공평을 호소하는 사회심리학적 단서를 제공한다. 사회적 거리두기로 온종일 집콕하는 아이를 양육하는 부모는 자녀가 없는 가정보다 교통소음에 민감할 수 있다.

안전과 정온은 다르지만 결국 하나로 보아야 한다. 저소음 고안전 사회는 갈 길이 멀고 매우 고단한 투쟁을 요구한다. 교통정온화가 그 출발선이다. 탈자동차 시대가 뉴노멀이 되면 자동차 문명이라는 익숙한 것과 이별하고 지속 가능한 모빌리티 습관을 보강하는 것이 중요한데, 그것이 소음 방지 정책이 추구해야 하는 비전이다. 물질이 너무나 풍요로운 세상은 무례함이 넘치는데, 그중에 교통소음은 무례함의 극치다. 인간이 생산하는 교통소음 ^{Anthrophony} 은 인간 스스로에 불협화음 ^{Cacophony} 를 일으키고 동물 생태계에도 막대한 피해를 입힌다.

인간이 만든 문제는 오직 인간만이 해결할 수 있기에 인간의 영향력을 줄이는 가장 쉬운 해결 방안은 자가용 덜 타기를 실천하는 것이다. 그러나 교통소음으로부터 건강권과 학습권을 보장하고 생활환경을 개선하는 것은 여전히 많은 제약을 안고 있다.

소음 방지는 학계와 정치계의 협력을 통해 소음·진동의 형식 논리를 벗어나는 지점에서 가능하다. 소음·진동학은 다양한 방법론의 컨버전스를 시도하고 학적 도그마를 벗어나는 관점도 포용할 수 있어야 한다. 왜냐하면 이형적 사고와 관점의 연결점을 발견할 때 창의성이 가능하기 때문이다. 방법론의 매너리즘에서 벗어나야 익숙해서 주의를 기울이지 않는 소음의 다면체를 제대로 볼 수 있다. 요란한 도시 문명에 무방비로 내쳐진 사람들의 심신의 불균형을 회복시키는 것이 소음 방지의 존재 이유임을 환기해야 한다. 학계와 정치계는 대화를 꾸준히 하여야 하고, 정치계는 학계의 학제 간 연구 결과에 대해 난상 토론의 수고로움을 피하지 말아야 한다. 또한 수면 보장을 위한 소음 한계치를 대담하게 결정하고 그 결정에 따른 책무를 저버리지 않아야 한다. 교통정온화는 보행 안전 향상뿐만 아니라 소음 테러 방지의 보호 목표를 추구하는 도구이자 녹색교통수단의 분담률을 높이는 전략으로서 유관 부서를 한 테이블에 모이게 할 수 있는 공통 주제이다. 교통소음에 대한 효과적인 방지를 위한 대책을 종합하면 다음과 같다.

첫째, 음향적 고요에 대한 법적 정의를 만들고, 소음 지도가 아니라 음향적 고요의 취약성 내지는 사각지대를 진단하는 정온 지도를 통해 교통정온화 구역을 확대한다.

둘째, 소음 방지는 생활환경의 음향적 고요 및 휴양의 권리를 보호할 수 있는 교통정온화 시설의 투자를 촉진한다.

셋째, 도로관리청은 도로 설계 시 소음 방지 효과를 극대화하기 위한 관점에서 교통정온화 구역을 정하고 녹색교통수단의 통행우선권을 보장하는 설계를 한다.

넷째, 소음 방지 대책의 결정과 방지 기준의 표준화 과정에 환경 보호 단체의 참여를 보장한다.

다섯째, 소음 민원을 제기하는 민원인에게 데시벨로 설득하지 말고 삶의 질 개선이란 관점에서 민원을 이해하고 중재하고 해결한다.

여섯째, 내 집 앞 도로는 조용하고 남의 집 앞 도로는 교통류를 강조하는 인지적 부조화를 자각하고 자가용 덜 타기에 동참한다.

정부와 지자체는 소음 문제 해결을 위해 노력하고 있으나 시민이 체감하는 만족도는 크게 개선되고 있지 않다. 자전거 전용차로의 신설과 확장을 통한 자전거 주행 거리 증가 Critical Mass[97], 버스/지하철/택시/PM 통합 결제가 가능한 대중교통 MaaS, 운전자와 라이더 대상 저소음 운전 행동에 대한 계몽, 그리고 소음 방지에 대한 시민 전문가 Citizen Scientist 양성 등도 가성비 높은 소음 방지책으로 인식할 때가 되었다. 향후 정온 지도는 노출량 산정 외에도 교통 약자 유형별 민감도 및 심신에 끼치는 영향, 소음 체감 지수 및 피해

---

97) 인당 자전거 주행거리가 많을수록 자전거 사고가 줄어드는 법칙을 말한다. 간선도로에서 자전거의 통행우선권을 보장하는 제도와 자전거 전용차로의 섬세한 설계를 통해 자전거 치사율을 낮추고 교통소음을 저감하는 효과가 있다.(OECD 《Cycling, Health and Safety》, 2013)

기준 설정, 도로 설계 기준 등 개선 대책의 다각화 및 구체성을 확보해야 한다.

소음 방지 전문가는 물리음향학, 심리음향학, 환경의학, 건축학, 조경학, 인간공학, 도로공학, 조경학 등 다양한 전문영역을 통섭하려는 노력을 할 의무가 있다. 교통소음관리지역을 통과하는 차량의 통행 총량, Last Mile, 화물차 통행 제한, 모빌리티 수단의 변화, 주행 속도와 운전 행태, 회전교차로, 보행섬, 횡단면, 포장재, 교차로 교통류 등 유관 대책의 조율과 통합은 교통소음을 줄이는 효과뿐만 아니라 다른 보호 목표 영역에도 긍정적인 영향을 미친다.

교통소음 민원은 주민, 도로관리청, 시민단체가 머리를 맞대고 도로 공간의 가치를 발굴하고 우선순위를 정하여 도시 음향 오아시스를 만드는 사회적 난제다. 교통정온화 설계는 소음 방지뿐만 아니라 보행 안전, 도시 이미지, 마이크로 공동체, 미세먼지 저감, 모빌리티 활동, 체류와 휴양의 품질 등 생활환경의 매력도를 높이는 완전 판매 대책이다. 소음 방지는 환경 대책이 아니라, 다감각의 통합적 접근을 구현하는 정책의 융합 Policy Mix 을 지향하는 종합예술이다.

참고문헌

국내

[1] 김철환 (2016) 〈방음벽을 이용한 공동주택의 도로 소음 대책〉 소음 · 진동 Vol.26 No.4 1226~0924

[2] 국립환경과학원 (2008) 《비산먼지 배출량 산정방법 개선 및 도로 재비산먼지 실시간 측정방법 개발》

[3] 경찰청/국토교통부 (2019) 《안전속도 5030 설계 · 운영 매뉴얼》

[4] 서상언, 최병호, 이철기 (2019) 《교통분야 미세먼지 및 온실가스 저감을 위한 지표 도출 및 측정 방법론 정립 연구》 한국교통안전공단

[5] 이영우 (2020) 《불법 이륜자동차 단속 실무》 단속공무원 교육자료. 한국교통안전공단

[6] 유정복, 최병호 (2004) 《2002년 교통사고비용 추정에 관한 연구》 교통개발연구원

[7] 장형석 (2016) 〈공동주거 단지 내 실내외 소음 관리방안〉 소음진동 제26권 제4호 8~11

[8] 최병호 (2020) 〈교통사고는 '속도의 문제'〉 손상예방과 건강한 안전사회 No 3호 10~13, 질병관리청

[9] 최병호 (2009) 《보행사고 누적구간 개선방안 연구》 한국교통안전공단

[10] 최병호 (2008) 《외국의 교통분석 및 평가제도》 교통시설투자평가과정, 국토해양인재개발원

[11] 최병호 (2004) 〈승용차소음의 주관적 음질평가 실험연구〉 한국소음진동공학회논문집 14권 12호 1223~1232

[12] 최병호, 김현진, 이승택, 윤공현, 홍성민 (2017) 《교통정온화구역 설계매뉴얼-주거 · 상업지역을 중심으로》 한국교통안전공단

[13] 최병호, 김현진, 김민정, 정민영 (2010)《자전거 교통안전 종합대책 수립 방안 연구》(국토교통부 11-1611000-001195-01)

[14] 최병호, 이승준, 서민석, 조성진 (2011)《안산시 교통안전기본계획 수립 연구》교통안전공단

[14]* 최병호, 이승택, 정정연, 김용걸, 이준화, 유병영 (2016).《교통안전 특별실태조사 보고서-서울시 영등포구》. 국토교통부/교통안전공단

[15] 최윤정 (2005)〈항공 및 도로 교통소음권 내 초등학교의 소음실태분석〉대한가정학회지, 제43권 4호 통권 206호 31~47

[16] 포이닉스 (2013)〈저소음 도로시설의 방재효과〉한국교통안전공단/한국도로공사 공동세미나 발표자료

[17] 헤르만 크노플라허 (2010)《자동차 바이러스 – 그 해악과 파괴의 역사》박미화 번역, 지식의날개

[18] 허덕재, 조경숙, 최병호 (2007)〈도심교통소음의 노출시간에 따른 라우드니스 및 어노이언스의 주관적 반응에 대한 연구〉한국소음진동공학회논문집 17/3 242~248

[19] 홍성민, 유수재, 송태진, 유용식 (2020)《차량속도별 운전자 인지능력 및 보행자의 횡단판단능력 변화 분석》한국교통안전공단

[20] 환경부 (2011)《환경분쟁 사례집》

[21] 홍갑선 (1999)《교통관련 사회환경비용의 내재화방안》교통개발연구원

[21]* NSP통신 (2019)〈시흥경찰서, 이륜차 소음위반행위 집중 단속〉(2019.04.29. 14:47, 김여울 기자)

국외

[22] ADAC (2006) 《Stra ß enverkehrslaerm》 (도로교통소음)

[23] Alexandre, A. (1976) 〈An assessment of certain causal models used in surveys on aircraft noise annoyance〉 Journal of Sound and Vibration 44(1), 119~125

[24] 《Allgemeine Verwaltungsvorschrift zum Schutz gegen Baulaerm》 Bundesanzeiger Nr. 160, 1970 (건설소음 방지를 위한 일방행정규칙)

[25] Arnoult, M. D., Gillfillan, L. G., Voorhees, J. W. (1986) 〈Annoyingness of Aircraft Noise in relation to Cognitive Activity〉. Perceptual and Motor Skills, 63, 599~616

[26] Arnoult, M. D., Voorhees, J. W. (1980) 〈Effects of Aircraft Noise on an Intelligibility Task〉 Human Factors 22(2), 183~188

[27] Appleyard, D., Lintell, M. (1972) 〈The Environmental Quality of City Streets: The Residents' Viewpoint〉 Journal of the American Institute of Planners Vol. 38, 84~101

[28] Aylor, D. E., Marks, L. E. (1976) 〈Perception of noise transmitted through barriers〉J. of the Acoustical Society of America 59, 397~400

[29] Babisch, V. W., Ising, H. (1992) 〈Epidemiologische Studien zum Zusammenhang zwischen Verkehrslaerm und Herzinfarkt〉 Bundesgesundhbl. 1/92 (교통소음과 심근경색의 상관성에 대한 역학조사)

[30] Babish, V. W., Ising, H. (1987) 〈Laerm und kardiovaskulaeres Risiko〉 Bundesgesundhbl. 30 Nr. 6 (소음과 심혈관 위험)

[31] Becher, L. F., Vogt, J., Schreiber, M., Kalveram, K. T. (1997) 〈Effekte

der visuellen Umwelt auf das Erleben oekologischer und kuenstlicher Geraeusche〉 Zeitschrift fuer Laermbekaempfung 44, 195~200, Springer- VDI-Verlag (시각 환경이 생태 및 인공 소음의 경험에 미치는 효과)

[32] Beckenbauer, T. (2015) 〈Leise Straße en - Herausforderungen fuer Straß enbau und - betrieb〉 Tag gegen Laerm (고요한 도로 - 도로건설 과 운영의 요구사항)

[33] Beranek, L. L. (1954) 《Acoustics》 McGraw-Hill Book Co, New York

[34] Berger, B. (2018) 〈Laermbekaempfung in Europa〉 LaermKongress 2018 - Stuttgart (유럽의 소음 방지)

[35] Bistafa, S. R., Bradley, J. B. (2000) 〈Reverberation time and maxium background-noise level for classrooms from a comparative study of speech intelligibility metrics〉 J. Acoust. Soc. Am. 107(2), 861~875

[36] bmvit (2002) 《Generalverkehrsplan Oesterreich 2002 - Verkehrspolitische Grundsaetze und Infrastrukturprogramm》 (2002년 오스트리아 교통계획 - 교통정책원리와 기간시설사업)

[37] BMVBW (2003) 《Grundzuege der gesamtwirtschaftlichen Bewertungs- methodik. Bundesverkehrswegeplan》 (경제적 평가방법론의 특징. 연방 교통망계획)

[38] BMVBW (1979) 《Signalisationsverordnung》 (연방교통부 신호기설치시 행령)

[39] BMVBW (1958) 《Strassenverkehrsgesetz》 (연방교통부 도로교통법)

[40] Broadbent, D. E. (1972) 〈Individual differences in annoyance by noise〉 Sound 6, 56~61

[41] Bronzaft, A. L., McCarthy, D. P. (1975) 〈The effect of elevated train noise on reading ability〉 Environment and Behavior, Vol. 7 No. 4, 517~527

[42] Bruel, P. V. (1999) 〈Episodes from a centry of acoustics〉 Sixth International Congress on Sound and Vibration Copenhagen, Denmark

[43] Bundesgesundhbl. (1991) 〈Erhoeht Laerm das Risiko fuer Krankheiten?〉 (소음은 질환위험을 높이는가?)

[44] Choe, B. (2001) 《Nonmetric Multidimensional Scaling of Complex Sounds》 Shaker Verlag

[45] Cohen, S., Evans, G. W., Krantz, D. W., Stokols, D. (1980) 〈Physiological, Motivational, and Cognitive Effects of Aircraft Noise on Children〉 American Psychologist Vol. 35, No. 3, 231~243

[46] Doeldissen, A. (1984) 〈Minderung des Verkehrslaerms durch flaechenhafte Verkehrsberuhigung〉 Zeitschrift fuer Laermbekaempfung 31, 51~57 (면단위 교통정온화를 통한 교통소음의 저감)

[47] Donnerstein, E., Wilson, D. W. (1976) 〈Effects of Noise and Perceived Control on Ongoing and Subsequent Aggressive Behavior〉 Journal of Personality and Social Psychology Vol. 34, No. 5, 774~781

[48] Drever, J. (1953) 《A dictionary of psychology》 Harmondsworth

[49] Dubois, D. (1997) 《Catégorisation et cognition: de la perception au discours》 Paris: Kimé (분류 및 인식 : 언어의 인지에 대하여)

[50] Dubois, D., David, S. (1999) 〈A cognitive approach of urban soundscapes〉 In Proceedings of Joint Meeting ASA-Forum Acusticum, Berlin

[51] Eichenauer, M., Winning, H.-H. von, Streichert, E. (1984) 〈Leiser fahren in verkehrsberuhigten Bereichen. Zum Zusammenhang zwischen Strassengestaltung, Fahrverhalten, Betriebszustaenden und Geraeuschemissionen〉 Zeitschrift fuer Laermbekaempfung 31, 45~50 (교통정온화 구역의 조용한 운행. 도로구조, 운전행태, 차량상태, 소음배출의 연관성에 대해)

[52] Eiff, A. W., Neus, H., Otten, H. (1985) 《Prospektive epidemiologische Feldstudie zu Verkehrslaerm und Hypertonie-Risiko》Umweltforschungs-plan d. Bundesmin. d. Inneren, Forschungsbericht 85-10501208/02. Umweltbundesamt, Berlin (교통소음과 고혈압 위험에 대한 역학조사)

[53] Elvik (2012) 《Speed Limit, Enforcement, and Health Consequences》

[54] Fastl, H. (1997) 〈Psychoacoustic noise evaluation〉In: Proceedings of the 31st International Acoustical Conference Acoustics − High Tatras '97, 21~26

[55] Felscher-Suhr, U., Guski, R., Schuemer, R. (2000) 〈Internationale Standardisierungsbestrebungen zur Erhebung von Laermbelaestigung〉 Zeitschrift fuer Laermbekaempfung 47 Nr. 2 (소음성가심 해소를 위한 국제기준조화)

[56] FGSV (2011) 《Hinweise zur EU-Umweltgesetzgebung in der Verkehrs-planungspraxis》(교통계획의 유럽연합 환경규정 준수에 대한 기준)

[57] FGSV (1995) 《Empfehlungen fuer die Anlage von Erschlie ß ungsstra ß en》 (주거지 도로시설 설치가이드)

[58] FGSV (1984) 《Richtlinien fuer die Anlagen und Ausstattung von Fu ß gangerueberwegen》 R-FGÜ (보행횡단지원시설 설치지침),

[59] FHWA (2004) 《Guide for the Planning, Design and Operation of Pedestrian Facilities》

[60] Fiedler, F. E., Fiedler, J. (1975) 〈Port Noise Complaints : Verbal and Behavioral Reactions to Airport-Related Noise〉 Journal of Applied Psychology, Vol. 60, No. 4, 498~506

[61] Fiedler, F. E., Fiedler, J., Campf, S. (1971) 〈Who speaks for the community?〉 Journal of Applied Social Psychology, 1(4), 324~333

[62] Fidell, S., Persons, K., Tabachnick, G., Howe, R. (2000) 〈Effects on sleep

disturbance of change in aircraft noise near three airports⟩ J. Acoust. Soc. Am. Vol. 107, No. 5, 2535~2547

[63] Finke, H. O. (1980) ⟨Messung und Beurteilung der "Ruhigkeit" bei Geraeuschimmissionen⟩ Acustica 46, S. 141 (소음배출의 고요함에 대한 측정과 판단)

[64] Fitzpatrick, K., Carlson, P., Brewer, M., Wooldridge, M. (2000) ⟨Design factors that affect driver speed on suburban streets⟩ Transportation Research Record 1751, 18~25

[65] Fleischer, G. (1990) ⟪Laerm – der taegliche Terror. Verstehen – Bewerten – Bekaempfen⟫ Georg Thieme Verlag (소음 – 일상의 테러. 이해-평가-방지)

[66] Fleischer, G. (1979) ⟨Vorschlag fuer die Bewertung von Laerm und Ruhe⟩ Kampf dem Laerm 26, 129~134 (소음과 고요의 평가 가이드)

[67] Fleischer, G. (1978) ⟨Argumente fuer die Beruecksichtigung der Ruhe in der Laermbekaempfung⟩ Kampf dem Laerm 25, 69-74. Springer-Verlag (소음 방지에서 고요의 고찰)

[68] Foeller, D. (1992) ⟨Antischall – Chance und Grenzen⟩ Automobil-technische Zeitschrift 94/2 (안티노이즈 – 기회와 한계)

[69] Foken (2002) ⟪Sound-Engineering mit Hoerbeispielen. Symposium Macht Laerm Motorradfahren erst schoen?⟫ BMU (음향사례를 활용한 음향공학)

[70] Geen, R. G. (1978) ⟨Effects of Attack and Uncontrollable Noise on Aggression⟩ Journal of Research in Personality 12, 15~29

[71] Genuit, K. (1997) ⟨Background and Practical Examples of Sound Design⟩ Acustica Vol. 83, 805~812

[72] Gidlöf-Gunnarsson, A., Öhrström, E. (2007) ⟨Noise and well-being in

urban residential environments: The potential role of perceived availability to nearby green areas⟩ Landscape and Urban Planning, 83, 115~126

[73] Giesler, H. J., Nolle, A. (1987) ⟨Einfluss von Geschwindigkeit und Fahrweise auf den innerstaedtischen Verkehrslaerm⟩ Zeitschrift fuer Laermbekaempfung 34, 31~36. Springer-Verlag (속도와 운전행태가 도심 교통소음에 미치는 영향)

[74] Giesler, H. J., Nolle, A., Albrecht, A. (1986) ⟨Geraeuschemission und Motordrehzahl von PKW im Stadtverkehr⟩ Zeitschrift fuer Laermbekaempfung 33, 102-108 (도시교통의 승용차의 소음배출과 분당회전수)

[75] Glass, D., Singer, J. (1972) 《Urban stress》 New York: Academic Press

[76] GRSF (2008) 《Speed management: a road safety manual for decision-makers and practitioners》

[77] Guski, R. (1998) ⟨Psychological Determinants of Train Noise Annoyance⟩ euro · noise 98, 573~576

[78] Guski, R., Schreckenberg, D., Schuemer, R. (2017) ⟨WHO Environmental Noise Guidelines for the European Region: A Systematic Review on Environmental Noise and Annoyance⟩ International Journal of Environmental Research and Public Health, 14(12), 1539

[79] Hanson, C. E. (1996) ⟨Proposed new noise impact criteria for passenger rail systems in the United States⟩ Journal of Sound and Vibration 193, 29~34

[80] Harder, J., Maschke, C. (1998) ⟨Nocturnal Aircraft Noise and Adaptation⟩ euro · noise 98, 1207~1212

[81] Hellbrueck, J. (1993) 《Hoeren - Physiologie Psychologie und Pathologie》 Hogrefe (청각 - 생리학, 심리학, 병리학)

[82] Herridge, C. F. (1974) 〈Aircraft Noise and Mental Health〉 Journal of Psychosomatic Research, Vol. 18, 239~243

[83] 〉Hinweise zur EU-Umweltgesetzgebung in der Verkehrsplanungspraxis》 (교통계획실무의 환경법 가이드)

[84] 《Hinweise zu Stra ß enraeumen mit besonderem Querungsbedarf》 (특별한 횡단수요가 높은 도로 공간의 가이드)

[85] Hoeger, R., Greifenstein, P. (1988) 〈Zum Einfluss der Groesse von Lastkraftwagen auf deren wahrgenommene Lautheit〉 Zeitschrift fuer Laermbekaempfung 35, 128~131 (화물차의 크기가 인지된 소음크기에 미치는 영향)

[86] Hoermann, H., Todt, E. (1960) 〈Laerm und Lernen〉 Z. exp. angew. Psychol. 7, 422~426 (소음과 학습)

[87] Institut fuer Mobilitaetsforschung (2010) 《Zukunft der Mobilitaet – Szenarien fuer das Jahr 2030》 (모빌리티의 미래 – 2030년 시나리오)

[88] Institute of Highway Engineers (2002) 《Home Zone Design Guidelines》

[89] Ising, H., Rebentisch, E., Poustka, F., Curio, I. (1990) 〈Annoyance and health risk caused by military low—altitude flight noise〉 Int. Arch Occup Environ Health 62, 357~363

[90] ISO-12354-1 (2017) 《Building acoustics – Estimation of acoustic performance of buildings from the performance of elements – Part 1: Airborne sound insulation between rooms》

[91] Jäschke, M. (2013) 《Laermkartierung und Ruhige Gebiete》 www.ruhige-gebiete.de (소음지도와 조용한 지역)

[92] Jansen, V. P., Penn-Bressel, G., Wagner, D. (1988) 〈Zur objektiven und subjektiven Wirksamkeit der Minderung von Strassenverkehrslaerm〉 Der Staedtetag 9/1988 (도로교통소음 감축의 객관적 및 주관적 효과)

[93] Jeong et al. (2010) 〈An application of a noise maps for construction and road traffic noise in Korea〉 International Journal of the Physical Sciences Vol. 5(7), pp. 1063~1073

[94] Johansson, C. R. (1983) 〈Effects of low intensity, continuous and intermittent noise on mental performance and writing pressure of children with different intelligence and personality characteristics〉 Ergonomics, Vol. 26, No. 3, 275~288

[95] Kang, J., Schulte-Fortkamp, B. (2016) 《Soundscape and the Built Environment》 CRC Press

[95]* Kanton Aarau (2008). 《Ortsdurchfahrten Anleitung zu attraktiven Kantonsstrassen im Siedlungsgebiet》 Departtment Bau, Verkehr und Umwelt (시가화 지역 마을통과도로의 설계)

[96] Karolinska Institutet (2011) 《Priorities and Potential of Pedestrian Protection》

[97] Kastka, J. (1981) 〈Zum Einfluss verkehrsberuhigender Massnahmen auf Laermbelastung und Laermbelaestigung〉 Zeitschrift fuer Laermbekaempfung 28, 25~30 (교통정온화 대책이 소음부하와 성가심에 미치는 영향)

[98] Kastka, J., Buchta, E. (1984) 〈Vergleichende Untersuchungen zur Laermbelaestigung von Autobahnen und anderen Strassen〉 Forschung Strassenbau und Strassenverkehrstechnik 432, BMV (고속도로와 도시지역도로의 소음부하에 대한 비교연구)

[99] Kastka, J., Buchta, E., Ritterstaedt, U., Paulsen, R., Mau, U. (1995) 〈The long term effect of noise protection barriers on the annoyance response of residents〉 Journal of Sound and Vibration 184(5), 823~852

[100] Kaska, J., Hangartner, M. (1986) 〈Machen haessliche Strassen den

Verkehrslaerm laestiger?〉 arcus (추한 도로가 교통소음을 더 짜증나게 만드는가?)

[101] Kastka, J., Ritterstaedt, U., Paulsen, R., Noak, R., Mau, U. (1990) 《Langzeituntersuchungen ueber die Wirkung von Laermschutzwaenden und Laermschutzwaellen》 Medizinisches Institut fuer Umwelthygiene der Heinrich Heine-Uni. Duesseldorf (방음벽과 방음제방의 효과에 대한 연구)

[102] Kastka, J., Schick, A. (1981) 〈Oldenburger Symposium zur Psychologischen Akustik〉 Klett-Cotta-Verlag (심리학적 음향학에 대한 올덴부르크 심포지엄)

[103] Kerrick, J. S., Nagel, D. C., Bennett, R. L. (1969) 〈Multiple ratings of sound stimuli〉 J. of the Acoustical Society of America, 63, 1501~1508

[104] Klosterkoetter, V. W. (1974) 〈Kritische Anmerkungen zu einer "Zumutbarkeitsgrenze" fuer Beeintraechtigungen durch Strassenverkehrslaerm〉 Kampf dem Laerm, 21, Heft 2 (도로교통소음의 피해에 대한 수용한계점에 대한 비판적 고찰)

[105] Klosterkoetter, V. W. (1973) 〈Laermwirkungen und Lebensqualitaet〉 Kampf dem Laerm Heft 5. DAL (소음효과와 삶의 질)

[106] Knipschild, P. (1977) 〈VI. Medical Effects of Aircraft Noise : General Practice Survey〉 Occupational and Environmental Health. 191-196

[107] Knipschild, P. V., Sallé, H. (1979) 〈Road traffic noise and cardiovascular disease. A population study in the Netherlands.〉 Int. Arch. Occup. Environ. Health 44, 55~59

[108] Koehler, A. (2010) 《Hamburger Leitfaden Laerm in der Bauleitplanung》 (함부르크 건설계획 소음기준)

[109] Koelner Statistische Nachrichten (1988) 《Zufriedenheit der Koelner

Buerger mit den Wohn- und Umweltbedingungen in ihrer Stadt – Ergebnisse des Kommunalen Mikrocensus 1986》(쾰른통계소식 – 도시 주거 및 환경조건에 따른 시민의 만족도)

[110] Korte, C., Ypma, I., Toppen, A. (1975) 〈Helpfulness in Dutch society as a function of urbanization and environmental input level〉 Journal of Personality and Social Psychology, 32(6), 996~1003

[111] Kottwitz, B. (1990) 〈Im Anfang war das Ohr〉 die waage, Heft 4/Band 29 (태초에 귀가 있었다)

[112] Kutschmar, S. (1994) 〈Die Stadt bruellt〉 Wochenpost Nr. 11 (도시가 포효한다)

[113] Lambert, J., Champelovier, P., Vernet, I. (1998) 〈Railway Noise Annoyance in Europe: An Overview.〉 euro · noise 98, 583~588

[114] Lange, B. (2002) 〈Rechtslage in Deutschland und Europa sowie Perspektiven〉 Symposium Macht Laerm Motorradfahren erst schoen? BMU (독일과 유럽의 이륜차소음 제도현황과 전망)

[115] Langer, G. (1996) 〈Traffic noise and hotel profits – is there a relationship?〉 Tourism Management, Vol. 17. No. 4, pp. 295~305

[116] Lehmann, G. (1963) 〈Schlaf und Laerm〉 Kampf dem Laerm 10, 4 (수면과 소음)

[117] Lercher, P. (1998) 〈Der Beitrag verschiedener Akustik-Indikatoren fuer eine erweiterte Belaestigungsanalyse in einer komplexen akustischen Situation nach Laermschutzmassnahmen〉 DAGA 98, Zuerich (소음 방지대책 후 음환경의 스트레스 분석을 위한 음향지표)

[118] Lercher, P., Kofler, WW (1996) 〈Behavioral and health responses associated with road traffic noise along apline through-traffic routes〉 Sci. Total Environ 189/190, 85~89

[119] Li, M. M., Brown, H. J. (1980) 〈Micro-neighborhood externalities and hedonic housing prices〉 Land Economics, 56(2), 125~141

[120] Lienert, G. A., Jansen, G. (1964) 〈Laermwirkung und Testleistung〉 Int. Z. angew. Physiol. einschl. Arbeitsphysiol. 20, 207~212 (소음영향과 측정성능)

[121] Losert, R., Mazur, H., Theine, W. (1994) 《Handbuch Laermminderungs-plaene》 Umweltbundesamt (소음저감계획 매뉴얼)

[122] Maschke, C., Rupp, T., Hecht, K. (2000) 〈The influence of stressors on biochemical reactions - a review of present scientific findings with noise〉 International Journal of Hygiene and Environmental Health 203, 45~53

[123] Machule, D., Mischer, O., Sywottek, A. (1996) 《Macht Stadt krank? Vom Umgang mit Gesundheit und Krankheit》. Doelling und Galitz Verlag (건강과 질환의 관리)

[124] Maffiolo, V., Dubois, D., Castellengo, M, Polack, J-D. (1998). 〈Loudness and pleasantness in structuration of urban soundscapes〉 InterNoise '98, New Zealand

[125] Maher et al. (2016) 〈Magnetic pollution nanoparticles in the human brain〉 Proceedings of the National Academy of Sciences(PNAS)

[126] Mazur, H., Theine, W., Lauenstein, D., Schuster, S., Weisner, C. (2007) 《Laermrelevanz und EU-Anforderungen. Bundesamt für Bauwesen und Raumordnung》 (소음과 유럽연합 권고)

[126]* Maibach, M. C., Schreyer, D. Sutter, H. P., van Essen, B. H., Boon, R., Smokers, A., Schroten, C., Doll, B., Pawlowsky and Bak, M. (2008). 《Handbook on Estimation of External Costs in the Transport Sector》

[127] McCurdy, D. A., Powell, C. A. (1984) 〈Annoyance Caused by Propeller

Airplane Flyover Noise〉 NASA Technical Paper 2356

[128] Meis, M. (1998) 《Zur Wirkung von Laerm auf das Gedaechtnis》 Verlag Dr. Kovac (소음이 기억에 미치는 영향)

[129] Meuers, H. (1989) 〈Der wirkungsorientierte Takt-Maximalpegel im Alltag des Umweltschutzes und in der Prognose〉 Z. fuer Laermbekaempfung, 36, 152-158 (환경보호와 예측을 위한 효과지향적 Takt-Maximal 레벨)

[130] Miedema, H. M. E., Oudshoorn, C. G. M (2001) 〈Annoyance from transportation noise: relations with exposure metrics DNL and DENL and their confidence intervals〉 Environmental Health Perspectives, 109(4), 409~416

[131] Ministry of Transport, Public Works and Water Management (2002) 《NVVP National Traffic and Transport Plan》 Den Haag

[132] Moehler, U. (1998) 〈The railway bonus as a single value : the effects of this simplification〉 euro · noise 98, 589-594

[133] Morrell, P., Lu, C. H. (2000) 〈Aircraft noise social cost and charge mechanisms - a case study of Amsterdam Airport Schiphol〉 Transportation Research Part D 5, 305~320

[134] Mulligan, B. E., Lewis, S. A., Faupel, M. L., Goodman, L. S., Anderson, L. M. (1987) 〈Enhancement and Masking of Loudness by Environmental Factors - Vegetation and Noise〉 Environment and Behavior, Vol. 19 No. 4, 411~443

[135] Muzet (2007) 《Sleep Medicine Reviews》

[136] Nadler, F. (2003) 〈Erhoehter Laermschutz durch neue Laermschutz-systeme〉 38. Fachtagung Zement und Beton (새로운 소음 방지시스템을 통한 소음 방지 향상)

[137] Nardi et al. (2007) 〈Study of the geographic information system as

foundation to environmental noise assessment〉 10th Int. Conference on Computers in Urban Planning and Urban Management

[138] OECD (2006)《Speed Management》

[139] Olivia, C. (1993)《Laermstudie 90 : Belastung und Betroffenheit der Wohnbevoelkerung durch Flug- und Strassenlaerm in der Umgebung der internationalen Flughaefen der Schweiz》(국제공항주변의 항공 및 도로소음에 의한 주거지의 피해)

[140] Osbrink, A. et al. (2021) 〈Traffic noise inhibits cognitive performance in a songbird. Proceedings of the Royal Society B

[141] Penn-Bressel, G. (1988) 〈Verkehrslaerm und Wohnstandortverhalten – Auswirkungen auf Mietern und Immobilienpreise〉 Informationsdienst 19 (교통소음과 부동산행태 – 임차료와 부동산시세에 미치는 영향)

[142] Pfander, v. F. (1986) 〈Gehoerschaeden durch Impulslaerm und Dauerlaerm unter besonderer Beruecksichtigung des Dienstes bei der Bundeswehr〉 Wehrmed. Mschr. Heft 11, 470~486 (공군훈련을 고려한 장기 전투기폭음에 의한 청각손실)

[143] Pfeffer, K., Barnecutt, P. (1986) 〈Children's auditory perception of movement of traffic sounds〉 Child: care, health and development. Vol. 22 No. 2, 129~137

[144] Pfundt, K., Meewes V. (1986)《Verkehrserschliessung von Wohnber-eichen》GDV (주거지 진출입로 설계)

[145] Popp, C. (2003)《Guidelines for noise abatement planning principles for road traffic at local authority》EU-Commission

[146] Popp, C., et al. (2016)《Handbuch Laermschutz in der Verkehrs- und Stadtplanung》(교통 및 도시계획의 소음 방지 매뉴얼)

[147] PRR/FIGE (2000)《Planungsempfehlungen fuer eine umweltentlastende

Verkehrsberuhigung. Minderung von Laerm- und Schadstoff-emissionen an Wohn- und Verkehrsstra ß en》(환경부담을 줄이는 교통 정온화 설계 가이드 – 주거지 및 교통로의 소음매연배출 감축)

[148] Pullwitt, E., Redmann, S. (2004) 《Standgeraeuschmessung an Motorraedern im Verkehr und bei der Hauptuntersuchung nach § 29 StVZO》 BASt (자동차종합검사 시 정지조건에서 이륜차 소음측정 가이드)

[149] Reinhold, G. (1971) 《Bau- und verkehrstechnische Massnahmen zum Schutz gegen Strassenverkehrslaerm》 Strassenbau und Strassen-verkehrstechnik H. 119, Bundesminister fuer Verkehr, Bonn (도로교통 소음 방지를 위한 건설교통공학 대책)

[150] Rey, L. (2013) 《Laerrmtechnische Beurteilung von Verkehrsberuhigung-smassnahmen: Schwerpunkt Aufpflaesterungen》 Baudirektion Kanton Zuerich – Tiefbauamt – Fachstelle Laermschutz (교통정온화대책의 소음공학적 판단: 포장재를 중심으로)

[151] Richard, J., et al. (2016) 《Handlungsempfehlungen fuer eine laermmindernde Verkehrsplanung》 Umweltbundesamt (소음저감 교통계획을 위한 가이드)

[152] Richard, J. (2004) 《Umsetzung der Laermaktionsplaene in der Praxis》 PLANUNGSBUERO RICHTER-RICHARD, Aachen/Berlin (소음 방지계획의 이행)

[153] Richard, J., Mazur, H., Lauenstein, D. (2015) 《Handbuch Laermaktion-splaene – Handlungsempfehlungen fuer eine laermmindernde Verkehr-splanung》 Umweltbundesamt (소음 방지계획 매뉴얼—소음공해를 줄이는 교통계획 가이드)

[154] Richard, J., Steven, H. (2000) 《Planungsempfehlungen fuer eine umweltentlastende Verkehrsberuhigung – Minderung von Laerm- und

Schadstoffemissionen an Wohn- und Verkehrsstraßen》 Umwelt-
bundesamt (환경공해를 줄이는 교통정온화 설계 가이드 – 주거지와 교
통로의 소음매연 배출저감)

[155] 《Richtlinie 2002/49/EG des europaeischen Parlaments und des Rates
ueber die Bewertung und Bekaempfung von Umgebungslaerm》 (환경소
음 평가 및 방지에 대한 유럽연합 하원과 상원의 기준)

[156] Robinson, D. W. (1969) 〈An Outline Guide to Criteria for the Limitation
of Urban Noise〉 National Physical Laboratory, Aero Report Ac 39.

[157] Sander, E. (2009) 《Pedestrian fatality risk as a function of car impact
speed》

[158] Schafer, M. (1978) 〈Die Schallwelt, in der wir leben〉 Wien: Univer.
Edition. Rote Reihe 30, o.J. (인간생활의 음향세계)

[159] Schell, L. M., Norelli, R. J. (1983) 〈Transport Noise Exposure and
the Postnatal Growth of Children〉 American Journal of Physical
Anthropology 61: 473~482

[160] Schick, A. (1990) 《Schallbewertung – Grundlagen der Lermforschung》
Springer (소음평가 – 소음연구의 기초)

[161] Schlag et al. (2009) 《Lob und Tadel – Wirkungen des Dialog-Displays》
GDV (칭찬과 비난 –dialog display 효과)

[162] Schoenpflug, W., Kausche, J., Wieland, R. (1978) 〈Verkehrslaerm in
der Freizeit〉 Kampf dem Laerm 25, 21~25. Springer-Verlag (여가시간
의 교통소음)

[163] Schuemer, R., Schuemer-Kohrs, A. (1991) 〈Laestigkeit von
Schienenverkehrslaerm im Vergleich zu anderen Laermquellen – Ueber
blick ueber Forschungsergebnisse〉 Zeitschrift fuer Laermbekaempfung
38, 1~9 (철도소음과 일반소음의 성가심 비교)

[164] Schuemer, R. H., Zeichart, K. (1989) 〈Strukturanalysen zur Reaktion auf Verkehrslaerm〉 Zeitschrift fuer Laermbekaempfung 36, 12~18 (교통소음에 대한 반응의 구조분석)

[165] Schulz, P., Battmann, W. (1980) 〈Die Auswirkungen von Verkehrslaerm auf verschiedene Taetigkeiten〉 Zeitschrift fuer experimentelle und angewandte Psychologie, 27, 592~606 (교통소음이 상이한 작업에 미치는 영향)

[166] Schulz, U. (2002) 〈Warum ist der Motorradsound so wichtig?〉 Symposium Macht Laerm Motorradfahren erst schoen? BMU (왜 이륜차소음이 중요한가?)

[167] Schulze, G. (2010) 《Evaluation dynamischer Geschwindigkeit-srückmeldung》 GDV (역동적 속도피드백 평가)

[168] Schulze, B., Ullmann, R., Moerstedt, R., Baumbach, W., Halle, S., Liebmann, G., Schnieke, C., Glaeser, O. (1983) 〈Verkehrslaerm und kardiovaskulaeres Risiko. Eine epidemiologische Studie〉 Dtsch. Gesundhwes. 38, 596~600 (교통소음과 심혈관 위험. 역학조사)

[169] Schultz, Th. H. (1982) 《Community Noise Rating》 Applied Science, London

[170] Serra, M. R., Biassoni, E. C. (1998) 〈Urban Noise and Classroom Acoustical Conditions in the Teaching-Learning Process〉 Intern. J. Environmental Studies, Vol. 56, pp. 41~59

[171] Sliwa, N., Weck, U. (2004) 《Verbundprojekt "Leiser Straßenverkehr – Reduzierte Reifen-Fahrbahn-Geräusche"》 BASt (조용한 도로교통 – 타이어마찰소음 감축)

[172] Sjödin, A. (2010) 《Wear Particles from road traffic》 Swedish Environmental Research Institute

[173] Spreng, M. (2000) 〈Possible health effects of noise induced cortisol increase〉 Noise & Health 7, 59~63

[174] Stenschke, R., Jaecker-Cueppers, M. (1998) 《Reduction of Road Traffic Noise - The Legislature's Point of View》 UBA

[175] Steven, H. (2002) 〈Geraeuschemissionen im realen Verkehr - Moeglichkeiten der Laermminderung am Motorrad〉 Symposium Macht Laerm Motorradfahren erst schoen? BMU (현실교통의 소음배출 - 이륜자동차의 소음감축 가능성)

[176] Steven, H. (1990) 《Strassenverkehrslaerm - Ursachen, Einflusparameter, Minderungsmoeglichkeiten》 Forschungsinstitut Geraeusche und Erschuetterungen (도로교통소음 - 원인, 영향요인, 감축가능성)

[177] Steven, H. (1981) 《Subjektive Beurteilung von Geraeuschemissionen von Lastkraftwagen》 Report 105 05 104/02, Umweltbundesamt, Berlin (화물차 소음배출의 주관적 평가)

[178] Stevens, S. S. (1975) 《Psychophysics. Introduction to its perceptual, neural, and social prospects》 New York: Wiley

[179] Strick, S. (2006) 《Laermschutz an Strassen》 Carl Heymanns Verlag (도로소음 방지)

[180] Suthold, R. (2007) 《Eine Methode zur zielorientierten Massnahmen-identifikation bei der Aufstellung von Bedarfsplaenen im Verkehrssektor》 Diss. Koeln (교통영역의 개선계획 수립에 있어 목표지향 대책발굴 방법론)

[181] SYLVIE 《EU-Projekt zur Laermminderung》 Umweltschutzabteilung Wien (소음감축을 위한 유럽연합 프로젝트)

[182] Tarnopolsky, A. (1978) 〈Effects of aircraft noise on metnal health〉 J. Sound and Vibrat. 59, 89~97

[183] Tarnopolsky, A., Barker, S. M., Wiggins, R. D., McLean, E. K. (1978) 〈The effect of aircraft noise on the mental health of a community sample: a pilot study〉 Psychological Medicine 8, 219~233

[184] Tarnopolsky, A., Watkins, G., Hand, D. J. (1980) 〈Aircraft and mental health: I. Prevalence of individual symptoms〉 Psychological Medicine 10, 683~698

[185] Taylor, S M, Birnie, S, Hall, F L (1978) 〈Housing type and tenure effects on reactions to road traffic noise〉 Environment and Planning A, vol. 10, pp. 1377~1386

[186] Taylor, S. M., Hall, F. L., Birnie, S. E. (1980) 〈Effect of background levels on community reponses to aircraft noise〉 Journal of Sound and Vibration 71(2), 261~270

[187] Touring Club Schweiz (2019) 《Geraeuschmessung bei Motorraedern – Untersuchung an neuen sowie im Gebrauch stehenden Fahrzeugen》 BAFU (이륜자동차 소음측정)

[188] UBA (1998) 《Entwicklung eines Verfahrens zur Aufstellung umweltorientierter Fernverkehrskonzpete als Beitrag zur Bundes-verkehrswegeplannung》 (친환경 교통망 구축 방법론 개발)

[189] UBA (1987) 《Umweltbericht Laermbekaempfung》 (소음 방지보고서)

[190] UBA (1985) 〈Die Beeintraechtigung der Kommunikation durch Laerm〉 Zeitschrift fuer Laermbekaempfung 32, 95~99 (소음에 의한 소통의 장애)

[191] UBA. 《Praktische Maßnahmen fuer Verkehrsbeschraenkungen – Erarbeitung von Grundlagen fuer die Umsetzung von §40 (2) BImSchG》 Forschungsvorhaben Nr. 105 06 044 (교통억제를 위한 실천방안)

[192] Umweltmagazin (1985) 《Verkehrslaerm gefaehrdet Betriebsstandort》 (

교통소음은 비즈니스를 해칠 수 있다)

[193] Utley, W. A. et al. (1986) 〈The effectiveness and acceptability of measures for insulating dwellings against traffic noise〉 JSV 109(1), 1~18

[194] Vägverket (2003) 《The Use of Cost-Benefit Analysis at Swedish National Road Administration Plan 2004 - 2015》 Swedish National Road Administration

[195] van Lerland et al. (2007) 《A qualitative assessment of climate adaptation options and some estimates of adaptation costs》 Wageningen UR

[195]* VDI 2719 (1987) 《Schalldaemmung von Fenstern und deren Zusatzeinrichtungen》 (Sound Isolation of Windows and Their Auxiliary Equipment)

[196] VDI (1974) 〈Erfolge im Kampf gegen den Fluglaerm〉 Sonderausdruck aus VDI-Nachrichten Nr. 40 (항공소음 방지의 성공요인)

[197] VDI (1974) 〈Zuviel Laerm auf unseren Strassen〉 VDI-Nachrichten Nr. 21 (도로의 과도한 소음)

[198] Walden, R. (1995) 〈Laerm und Ruhe in ihrer Bedeutung fuer Wohnqualitaet〉 Zeitschrift fuer Laermbekaempfung 42, 159~168. Springer-Verlag (주거품질의 의미에서 본 소음과 고요)

[199] Walz, S., et al (2012) 《Handbuch zur Partizipation》 Senatsverwaltung fuer Stadtentwicklung und Umwelt Berlin (주민참여 매뉴얼)

[200] WHO (2018) 《Environmental Noise Guidelines for the European Region》

[201] WHO (2018) 《Global Status Report on Road Safety》

[202] WHO (1999) 《Guidelines for Community Noise》

[203] Widmann, U., Goossens, S. (1993) 〈Zur Laestigkeit tieffrequenter Schalle:

Einfluese von Lautheit und Zeitstruktur⟩ Acustica Vol. 77, 290~292 (저
주파 소음의 성가심: 라우드니스와 시간구조의 영향)

[204] Williams, D. (2013) ⟨An evaluation of the estimated impacts on vehicle
emissions of a 20mph speed restriction in central London⟩ Department
of Civil and Environmental Engineering, Imperial College London

[205] Willms, V. W. (1973) ⟨Schallbelastung, Laermbelaestigung⟩ Kampf dem
Laerm (소음부하, 소음스트레스)

[206] Zwicker, E., & Fastl, H. (1999) 《Psychoacoustics. Facts and Models》
Second Edition. Springer.

웹사이트

[207] https://www.vox.com/2016/8/4/12342806/barcelona-superblocks (바르셀로나 교통정온화 구역)

[208] https://www.wort.lu, https://www.zvw.de (보행자 사망사고 제로도시)

[209] https://www.wort.lu, www.dekra-vision-zero.com (오스트리아 교통클럽)

[210] https://www.srl.de (루더스베르크)

[211] http://www.ace-online.de/md/14272-5303/laerm.pdf (SYLVIE)

[212] http://www.gib-acht-im-verkehr.de/0002_verkehrssicherheit/0002d_motorrad/laerm (이륜차 배기소음 방지를 위한 Dialog Display)

[213] http://www.gib-acht-im-verkehr.de/0002_verkehrssicherheit/0002d_motorrad/laerm (라이더 의식계도 캠페인 사례)

[214] https://jesolo.it/de/entdecke-jesolo/wellness-and-shopping/fussgaengerzone-europa(유럽에서 가장 긴 보행우선구역)

[215] https://www.dvr.de/themen/infrastruktur/beispielsammlung-gute-strassen-in-stadt-und-dorf (우수도로설계사례)